M.A.Buth

Platin

aus

Autokatalysatoren

M.A.Buth

Platin aus Autokatalysatoren

1. Auflage März 2013
zuletzt bearbeitet am
15.02.2016

Bei allen hier vorgestellten chemischen Verfahren ist auf ordnungsgemäße Schutzkleidung sowie den Sicherheitsbestimmungen entsprechenden Umgang mit Chemikalien, sowie deren ordnungsgemäße Entsorgung zu achten!
Die hier vorgestellten Verfahren dienen der allgemeinen Information und unterliegen stets der Verantwortung und eigenen Gefahr des Ausführenden.

ViSdPG
Marcel Alexander Buth
Neue Strasse 32b
61250 Usingen
adrenalinemedia@web.de
06081 686513

Inhaltsverzeichnis

Vorwort...7
Aufbau eines KFZ Katalysators....................................8
  Wirkungsweise 9
  Arten 9
    Drei-Wege-Katalysator 9
    Ungeregelter Katalysator 10
    Oxidationskatalysator 10
      Dieselmotor 10
      Zweitakt-Ottomotor 11
    NOx-Speicherkatalysator 11
    SCR (Selektive Katalytische Reduktion) 13
Daten nach Herstellern...13
  Keramik oder Edelmetall..15
  Audi...17
  BMW..19
  Bosal..24
  Chevrolet...25
  Daewoo..26
  Fiat...27
  Ford..37
  Kia..48
  Honda...49
  Hyundai..52
  Jaguar...54
  Jeep..55
  Kia..56
  Lada..57
  Mazda..58
  Mercedes Benz..63
  Mini..69
  Mitsubishi..70
  Nissan..72
  Opel..74
  Peugeot, Citroen, BMW...80
  PSA 81

Renault..87
SAAB...90
Seat...92
Skoda..93
Subaru...94
Suzuki...98
Toyota...102
Volvo...105
Volkswagen...107
Volkswagen/AUDI...111
Sonstige/unbekannte/eigene Notizen...113
Edelmetallgewinnung aus Katalysatoren..114
Industrielles Recycling von Autokatalysatoren..........................114
Edelmetalle und Eigenschaften...119
Palladium...120
Physikalische Eigenschaften 120
Chemische Eigenschaften 120
Platin...122
Physikalische Eigenschaften 122
Chemische Eigenschaften 122
Katalytische Eigenschaften 124
Rhodium..125
Vorkommen 125
Gewinnung und Darstellung 126
Zusammenfassung..128
Prozess „Leaching"..129
Lösungs Kaskade...131
Vorarbeiten...134
Der Stannous Chloride Test...135
Wie funktioniert Stannous Chloride?..136
Alternative DMG..137
Testen auf Palladium 138
Lösen der Edelmetalle...139
HCl+Cl Methode...139
Dilute Aqua Regia Methode..144
NOx Gase verhindern...146

Alternative HAP..146
   Allgemeine Faktoren...150
DeNOxing...151
DeChloring..152
Fällen des Palladiums 153
   Saubere Alternativen...156
Fällen des Platins..157
Schmelzen des Palladium 158
Schmelzen des Platins...160
Wichtige Adressen und Kontakte.....................................161
Analysegeräte...164
Laboranalyse von Edelmetallen..165
    Sonstige..166
Nachwort..170
Weitere Titel aus der Reihe..171

Vorwort

Das Recycling von Katalysatoren, gehört heutzutage zu den profitabelsten Geschäften – wenn man sich auskennt.

Mangels Analysegeräten und Daten zu den einzelnen Typen, hat man es schwer den echten Wert der edelmetallhaltigen Träger zu bestimmen.

Dieses Buch soll dabei helfen, einen Überblick zu verschaffen. Zum einen indem mehrere hundert gängige Modelle mit deren Mengen an Platin, Palladium und Rhodium beschrieben werden, aber auch durch die Vorstellung von Analyse und Testmethoden, die dazu beitragen dem wahren Wert auf die Spur zu kommen.

Abgerundet wird dieser Bericht durch die Vorstellung der großindustriellen Verfahren, der Möglichkeiten im kleinen Rahmen sowie der Vermittlung wichtiger Kontakte und Adressen.

Wie immer sollte man nur die Prozessschritte selbst durchführen, die man beherrscht und für die man ausgestattet ist.

Entscheidender für den Erfolg beim Handel mit gebrauchten Fahrzeugkatalysatoren, ist das Wissen um ihren Edelmetallgehalt und somit dem Wert.

Marcel A. Buth
Autor

Aufbau eines KFZ Katalysators

Der Fahrzeugkatalysator besteht meistens aus mehreren Komponenten. Als Träger dient ein temperaturstabiler Wabenkörper aus Keramik, in der Regel Cordierit oder Metallfolien (z. B. Metalit von Emitec), der eine Vielzahl dünnwandiger Kanäle aufweist. Auf dem Träger befindet sich der so genannte Washcoat. Er besteht aus porösem Aluminiumoxid (Al2O3) sowie aus Sauerstoffspeicherkomponenten, wie zum Beispiel Cer(IV)-oxid, und dient der Vergrößerung der Oberfläche. Durch die hohe Rauheit wird eine große Oberfläche realisiert von bis zu hunderten Quadratmetern pro Gramm. In dem Washcoat sind die katalytisch aktiven Edelmetalle eingelagert. Bei modernen Abgaskatalysatoren sind dies die Edelmetalle Platin, Rhodium und/oder Palladium. Der keramische Träger ist mithilfe spezieller Lagermatten, etwa aus Hochtemperaturwolle, seltener in Kombination mit Drahtgestricken, in einem metallischen Gehäuse, dem so genannten Canning, gelagert.

Spezielle Matten oder ein zusätzliches Metallgehäuse sind bei den Metall-Katalysatoren nicht notwendig. Das Canning ist fest im Abgasstrang des Fahrzeuges

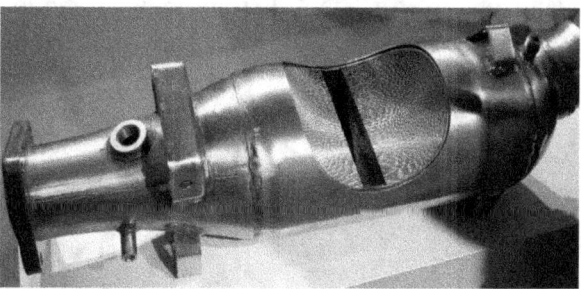

Abbildung 1: Aufgeschnittener Fahrzeugkatalysator mit metallischem Träger

verbaut und besitzt zum Teil weitere Anschlussmöglichkeiten für zum Beispiel Lambdasonden oder Thermoelemente. Es gibt auch Metall-Katalysatoren mit integrierten Lambdasonden.

Wirkungsweise

Die Aufgabe des Fahrzeugkatalysators ist die chemische Umwandlung der Verbrennungsschadstoffe Kohlenwasserstoffe (CmHn), Kohlenstoffmonoxid (CO) und Stickoxide (NOx) in die ungiftigen Stoffe Kohlenstoffdioxid (CO2), Wasser (H2O) und Stickstoff (N2) durch Oxidation beziehungsweise Reduktion. Je nach Betriebspunkt des Motors und bei optimalen Betriebsbedingungen können Konvertierungsraten nahe 100 % erreicht werden.

Arten

Drei-Wege-Katalysator

Bei einem **Drei-Wege-Katalysator** (auch G-Kat genannt) findet die Oxidation von CO und C_mH_n sowie die Reduktion von NO_x parallel zueinander statt: Es werden C_mH_n mit O_2 zu CO_2 und H_2O oxidiert, CO mit O_2 zu CO_2 oxidiert und NO_x mit CO zu N_2, O_2 und CO_2 reduziert.

$$2\, CO + O_2 \rightarrow 2\, CO_2$$

$$2\, C_2H_6 + 7\, O_2 \rightarrow 4\, CO_2 + 6\, H_2O$$

$$2\, NO + 2\, CO \rightarrow N_2 + 2\, CO_2$$

Voraussetzung dafür ist ein konstant stöchiometrisches Kraftstoffverhältnis ($\lambda = 1$) von 14,7 Gramm Luft pro Gramm Superbenzin (Oktan 95) und 14,8 Gramm Luft pro Gramm Normalbenzin (Oktan 91). Für Ethanol-Kraftstoff gilt zum Beispiel das Verhältnis 9:1. Schon eine geringe Abweichung in den mageren Bereich ($\lambda > 1$) bewirkt einen sprunghaften Anstieg der Stickoxidemission nach dem Katalysator, da zu wenig CO für die Reduktion vorhanden ist. Deshalb wird das Gemisch zwischen stöchiometrischem und leicht fettem Verhältnis geregelt. Der Drei-Wege-Katalysator kann nur bei Fahrzeugen mit Ottomotor und Lambdaregelung eingesetzt werden. Bei Diesel- und Magermix-Ottomotoren verhindert der Sauerstoffüberschuss im Abgas die

Reduktion des NOx und macht spezielle Katalysatoren erforderlich (siehe NOx-Kat).

Ungeregelter Katalysator

In der Anfangszeit der Katalysatortechnik fanden insbesondere bei preisgünstigen Fahrzeugen mit Ottomotor auch ungeregelte Katalysatoren Verwendung. Hierbei wurde die Zusammensetzung des Luft-Kraftstoff-Gemischs nicht durch eine Lambdasonde überwacht, sondern lediglich der Abgasstrom durch einen im Aufbau ansonsten dem Drei-Wege-Katalysator ähnlichen platinbeschichteten Keramikblock geleitet. Dementsprechend schlechter war hierbei vor allem der Stickoxidabbau. Insbesondere bei Motoren mit Vergaser war die Regelung des Luft-Kraftstoff-Gemisches konstruktionsbedingt aufwendig und häufig unpräzise, obwohl dies im Weiteren bald zufriedenstellend mit Drei-Wege-Kat-Nachrüstsätzen von Drittanbietern gelöst werden konnte.

Oxidationskatalysator

Dieselmotor

Dieselmotoren verbrennen kein vorbereitetes Brennstoff-Luft-Gemisch. Der Brennstoff wird innermotorisch in die komprimierte Luft zugegeben. Die Verbrennung selbst verläuft nur lokal stöchiometrisch oder gar unter Sauerstoffmangel. Da der Brennstoff nicht gleichmäßig verteilt wird, führt die Verbrennung in Gänze zu einem hohen Luftüberschuss und damit zu $\lambda > 1$. Im Abgas sind daher hohe Sauerstoffkonzentrationen vorhanden. Somit ist die Reduktion von NOx wie beim Drei-Wege-Katalysator nicht möglich. CmHn- und CO-Emission können jedoch durch den Einsatz eines Oxidationskatalysators gemindert werden. Die Oxidationsreaktionen laufen hierbei gleich wie beim Drei-Wege-Katalysator ab. Aufgrund der deutlich niedrigeren Abgastemperaturen im Vergleich zum Ottomotor sind Diesel-Oxidationskatalysatoren oft nahe am Abgaskrümmer verbaut, der Washcoat enthält nur Platin und/oder

Palladium.

Die NOx-Minimierung von Dieselmotoren kann zunächst durch innermotorische Maßnahmen, also die gezielte Beeinflussung der Verbrennung zum Beispiel durch teilweise Abgasrückführung, erfolgen. Dies ist jedoch nur in engen Grenzen möglich, da ansonsten die Ruß-Emission ansteigt und die Motorleistung sinkt. In Zukunft soll der vermehrte Einsatz von NOx-Speicherkatalysatoren oder SCR-Katalysatoren den NOx-Ausstoß von Dieselfahrzeugen senken.

Neuere Arbeiten beschäftigen sich mit der Verwendung von Perowskit in Fahrzeugkatalysatoren für Dieselmotoren, die mit Sauerstoffüberschuss betrieben werden, um ihren Wirkungsgrad zu verbessern.[3][4] Der im Abgas enthaltene Sauerstoff verhindert die Nutzung herkömmlicher Abgaskatalysatoren. Die Dotierung perowskithaltiger Katalysatoren mit Palladium erhöht die Beständigkeit gegen Vergiftung durch Schwefel.[5]

Zweitakt-Ottomotor

Auch Zweitakt-Ottomotoren, wie sie zum Beispiel heute noch in Krafträdern mit kleinem Hubraum eingebaut werden, können mit einem Oxidationskatalysator ausgerüstet werden. Ein Oxidationskatalysator kann hier den CO- sowie den beim Zweitakt-Ottomotor beträchtlichen CmHn-Ausstoß mindern. Für ältere Kraftfahrzeuge mit Zweitakt-Ottomotor wie dem Trabant gibt es Nachrüst-Oxidationskatalysatoren. Allgemein gesagt lassen sich die Schadstoffemissionen von Zweitakt-Ottomotoren im Vergleich zu Diesel- und Viertakt-Ottomotoren aufgrund der prinzipbedingten Spülung mit frischem Gemisch und der Verbrennung von Öl jedoch nicht so stark senken.

NOx-Speicherkatalysator

Moderne Magermix-Ottomotoren arbeiten mit einem Sauerstoffüberschuss zur Erhöhung des Motorwirkungsgrades. Herkömmliche Katalysatoren können daher nicht eingesetzt werden. Die Oxidation von CO und CmHn ist im Sauerstoffüberschuss ($\lambda >$

1) analog zum herkömmlichen Dreiwegekatalysator weiterhin möglich, jedoch müssen Stickoxide (NOx) zwischengespeichert werden. Deren katalytische Reduktion gelingt nur in einem stöchiometrischen bis fetten Abgasgemisch. Diese neuen Motoren benötigen daher eine weiterentwickelte Art von Katalysatoren mit zusätzlichen chemischen Elementen, die eine Speicherung von Stickoxiden ermöglichen. Um die zukünftigen Abgasnormen einzuhalten, werden auch Diesel-PKW in Zukunft mit NOx-Speicherkatalysatoren ausgerüstet.

Um diese Zwischenspeicherung der Stickstoffoxide zu erreichen, werden auf geeigneten Trägern ein Edelmetallkatalysator wie Platin und eine NOx-Speicherkomponente, die meistens ein Erdalkalimetall wie Barium ist, aufgebracht. In der mageren, das heißt sauerstoffreichen, Atmosphäre werden die Stickstoffoxide unter der Wirkung des Edelmetallkatalysators aufoxidiert, unter Ausbildung von Nitraten wie beispielsweise Bariumnitrat im Katalysator absorbiert und somit aus dem Abgasstrom entfernt. Durch das regelmäßige kurzzeitige „Anfetten" laufen diese Reaktionen in der entgegengesetzten Richtung ab, wodurch die NOx-Moleküle wieder in den Abgasstrom abgegeben und durch die in der fetten Atmosphäre vorhandenen reduzierenden Komponenten wie CmHn – unvollständig verbrannte Kohlenwasserstoffe – und/oder CO weiter reduziert werden. Der Speicherkat kann NOx nur in einem Temperaturbereich von 250 bis 500 Grad Celsius speichern. Das Temperaturfenster wird durch dreiflutige Abgasrohre oder Auspuffbypässe erreicht.

Ist die Aufnahmekapazität des Katalysators erschöpft, so wird seitens der Motorelektronik kurzzeitig ein fettes, reduzierendes Abgasgemisch eingestellt (circa zwei Sekunden). In diesem kurzen, fetten Zyklus werden die im Katalysator zwischengespeicherten Stickoxide zu Stickstoff reduziert und damit der Katalysator für den nächsten Speicherzyklus vorbereitet. Durch dieses Vorgehen ist es auch möglich, die Schadstoffemissionen sparsamer Magermixmotoren zu minimieren und gültige Grenzwerte der Euro-Normen einzuhalten. Die Aufnahmekapazität (circa 60 bis 90 Sekunden) wird durch einen NOx-Sensor überwacht.

Schwefelproblematik: Da es in Deutschland keinen völlig schwefelfreien Kraftstoff gibt, müssen Fahrzeuge mit Magermix-Ottomotor und Speicherkat mit Super-Plus-Kraftstoff (Schwefelgehalt max. 10 ppm) betrieben werden. Im Speicherkat kommt es trotzdem zu einer ungewollten Einlagerung des Schwefels und dadurch zu einer Vergiftung des Speichermaterials durch Sulfatbildung. Um den Schwefel herauszulösen und wieder in Schwefeldioxid umzuwandeln (SO_2), muss die Abgastemperatur in regelmäßigen Abständen auf 650 Grad erhöht werden. Das wird erreicht durch Zündverstellung in Richtung „spät". Dieselkraftstoff weist immer einen max. Schwefelgehalt von 10 ppm auf. Beim Dieselmotor wird die notwendige Temperatur durch kurzzeitige Erhöhung der Einspritzmenge erreicht.

SCR (Selektive Katalytische Reduktion)

Ein weiteres Verfahren zur Reduktion von Stickoxiden ist die Selektive katalytische Reduktion. Hierbei wird kontinuierlich eine wässrige Harnstofflösung (Handelsname AdBlue), zum Beispiel mittels Dosierpumpe, in den Abgasstrom eingespritzt, aus welcher durch Hydrolyse Wasser und Ammoniak entstehen. Das so entstandene Ammoniak reduziert die Stickoxide im Abgas zu normalem Stickstoff (N_2). Das SCR-Verfahren wird inzwischen in zahlreichen Nutzfahrzeugen eingesetzt, um vor allem die Abgas-Grenzwerte nach Euro V und Euro VI zu unterschreiten.[8]

Daten nach Herstellern

Nachfolgende findet sich eine Übersicht, gängiger Fahrzeugkatalysatoren mit Abbildung und Edelmetallgehalt. Die ermittelten Werte wurden von einem Recyclingunternehmen gesammelt und durch weitere Parameter und Angaben ergänzt.

Wichtig ist hierbei, dass es sich um Praxiswerte handelt, die nicht etwa seitens der Hersteller vermittelt wurde. Diese könnten zwar Angaben zu den verwendeten Edelmetallen und deren Mengen machen, dies würde jedoch nur den Lieferzustand beschreiben. Im

Laufe eines Autolebens werden Teile der Beschichtung durch das Auspuffsystem abgerieben, so dass selbst bei ein und demselben Typ je nach Fahrleistung und anderen Einflüssen, die verbleibende Restmenge an Edelmetallen variiert.

Hinzu kommt, dass bei Transport und Handling – insbesondere dem Öffnen des Katalysatorgehäuses Verluste durch Stäube entstehen könne, die hierbei abgehen. Eine Absaugung und/oder Auffangwanne ist daher ratsam.

Letztlich bestimmen auch die verwendeten Recyclingprozesse die zu erwartende Ausbeute. Je nach technischer Ausstattung, Aufwand und Können des Recyclingbetriebes gibt es hier mögliche Schwankungen.

Die Werte sollen daher als Orientierungspunkte für eine Abschätzung dienen. Angaben über hundertstel Gramm hinaus sollten keinesfalls als gesichert betrachtet werden. Als Kaufmann sollte eher ein Sicherheitsabschlag von den Angaben gemacht werden.

Zum Identifizieren eines Kats genügt zunächst die Kenntnis des Fahrzeugherstellers. Dies kann teilweise auch durch die eingravierten Teilenummern recherchiert werden. Viele Katalysatorankäufer bieten solche Listen an. Die Einteilung nach small, medium oder large macht wenig Sinn, denn es gibt sehr kleine Katalysatoren mit sehr hohem Edelmetallgehalt und auch sehr große mit vergleichsweise geringem Wert. In der

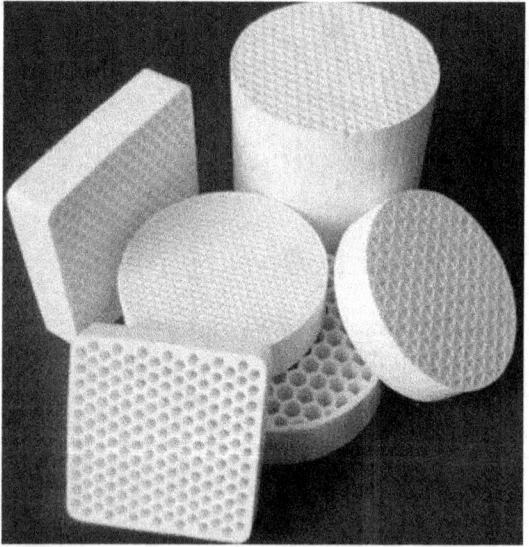

Abbildung 2: Keramische Wabenträger (engl. honeycomb)

14 Daten nach Herstellern

Praxis haben sich solche System jedoch in der Branche etabliert, da sie einfach zu handhaben sind und den Handel beschleunigen.

Der Gewinn liegt im Einkauf

Jeder gute Kaufmann weiß dies. Kennt man den Wert einer Sache, lässt sich das Risiko von Fehlkäufen ausschalten.

Auf Plattformen wie Ebay werden oftmals Katalysatoren unbekannter Herkunft angeboten. Wer diese Übersicht hier hat, kann allein anhand der Abbildung einschätzen um welches Modell es sich handelt und was es wert sein dürfte.

Weitere Identifikationsmerkmale sind das Gewicht und die Größe der Keramikzellen. Ihre Lage und die Abmessungen sind mit roten Linien auf den Gehäusen markiert.

Keramik oder Edelmetall

Es gibt zwei Arten von Trägermaterial, auf die die Edelmetalle aufgetragen werden. Da sind zum einen die keramischen Substrate und zum anderen Wabenstrukturen (Honeycomb) aus Edelstahl. Für den Handel macht es keinen Unterschied, welche Art von Katalysatorzelle sich vorfindet. Will man selbst recyclen ist die keramische Variante von Vorteil, da man nicht zunächst den Edelstahl aufwändig weglösen muss. Von außen kann man dem Katalysator dies nur durch einen Blick durch das Rohr ansehen. Daher empfiehlt es sich vom Verkäufer auch eine solche Ansicht zu verlangen, wenn der Typ unbekannt ist.

Abbildung 3: Metallsubstratwaben

Ansonsten gibt es eine große Vielzahl weiterer Modelle und Ausführungen und die Auflistung muss um diese immer wieder erweitert werden. Sie bietet jedoch auch heute schon einen soliden Grundstock um den Edelmetallgehalt von zehntausenden Fahrzeugvarianten schnell und sicher und vor allem auch ohne die Kenntnis einer Fahrgestell - oder Teilenummer, zu bestimmen.

Audi

Typ 001	Daten	
	Gewicht Keramik	850g
	Palladium	N/A
	Platin	12,44g
	Rhodium	N/A

Typ 002	Daten	
	Gewicht Keramik	950g
	Palladium	N/A
	Platin	4,35g
	Rhodium	0,62g

Typ 002	Daten	
	Gewicht Keramik	950g
	Palladium	N/A
	Platin	4,35g
	Rhodium	0,62g

Typ 002	Daten	
	Gewicht Keramik	950g
	Palladium	N/A
	Platin	4,35g
	Rhodium	0,62g

Typ 002	Daten	
	Gewicht Keramik	950g
	Palladium	N/A
	Platin	4,35g
	Rhodium	0,62g

Siehe auch: Volkswagen/Audi.

BMW

Typ 001	Daten	
	Gewicht Keramik	500g
	Palladium	N/A
	Platin	6,22g
	Rhodium	N/A

Typ 002	Daten	
	Gewicht Keramik	650g
	Palladium	N/A
	Platin	7,15g
	Rhodium	N/A

Typ 003	Daten	
	Gewicht Keramik	740g
	Palladium	N/A
	Platin	6,22g
	Rhodium	N/A

Typ 004	Daten	
	Gewicht Keramik	800g
	Palladium	N/A
	Platin	6,22g
	Rhodium	1,24g

Typ 005	Daten	
	Gewicht Keramik	920g
	Palladium	N/A
	Platin	7,40g
	Rhodium	1,4g

Typ 006	Daten	
	Gewicht Keramik	950g
	Palladium	N/A
	Platin	10,1g
	Rhodium	N/A

Typ 007	Daten	
	Gewicht Keramik	1300g
	Palladium	N/A
	Platin	7,8g
	Rhodium	1,4g

Typ 008	Daten	
	Gewicht Keramik	1500g
	Palladium	13g
	Platin	0,56g
	Rhodium	0,47g

Typ 009	Daten	
	Gewicht Keramik	1560g
	Palladium	N/A
	Platin	6,12g
	Rhodium	1,28g

Typ 010	Daten	
	Gewicht Keramik	1500g
	Palladium	13g
	Platin	0,56g
	Rhodium	0,47g

Typ 011	Daten	
	Gewicht Keramik	1600g
	Palladium	N/A
	Platin	7,46g
	Rhodium	1,5g

Typ 012	Daten	
	Gewicht Keramik	1640g
	Palladium	N/A
	Platin	7,3g
	Rhodium	2g

Typ 013	Daten	
	Gewicht Keramik	1650g
	Palladium	N/A
	Platin	7,15g
	Rhodium	1,3g

Typ 014	Daten	
	Gewicht Keramik	1700g
	Palladium	21,8g
	Platin	0,65g
	Rhodium	0,59g

Typ 015	Daten	
	Gewicht Keramik	1700g
	Palladium	N/A
	Platin	7,61g
	Rhodium	1,71g

Typ 016	Daten	
	Gewicht Keramik	1800g
	Palladium	14g
	Platin	0,68g
	Rhodium	0,65g

Typ 017	Daten	
	Gewicht Keramik	1800g
	Palladium	N/A
	Platin	9,48g
	Rhodium	N/A

Typ 018	Daten	
	Gewicht Keramik	1720g
	Palladium	19,7g
	Platin	N/A
	Rhodium	1,24g

Typ 019	Daten	
	Gewicht Keramik	1980g
	Palladium	N/A
	Platin	0,68g
	Rhodium	0,65g

Typ 020	Daten	
	Gewicht Keramik	2000g
	Palladium	11,5g
	Platin	0,62g
	Rhodium	0,59g

Bosal

Typ 001	Daten	
	Gewicht Keramik	950g
	Palladium	N/A
	Platin	5,9g
	Rhodium	N/A

Typ 002	Daten	
	Gewicht Keramik	1300g
	Palladium	N/A
	Platin	6,22g
	Rhodium	1,3g

Chevrolet

Typ 001	Daten	
	Gewicht Keramik	1270g
	Palladium	N/A
	Platin	0,87g
	Rhodium	N/A

Typ 002	Daten	
	Gewicht Keramik	1500g
	Palladium	N/A
	Platin	14,3g
	Rhodium	N/A

Typ 003	Daten	
	Gewicht Keramik	2150g
	Palladium	1,55g
	Platin	0,93g
	Rhodium	0,622g

Typ 004	Daten	
	Gewicht Keramik	2000g
	Palladium	1,5g
	Platin	0,83g
	Rhodium	0,14g

Daewoo

Typ 001	Daten	
	Gewicht Keramik	800g
	Palladium	N/A
	Platin	6,6g
	Rhodium	1,55g

Typ 002	Daten	
	Gewicht Keramik	1080g
	Palladium	N/A
	Platin	4g
	Rhodium	0,4g

Typ 003	Daten	
	Gewicht Keramik	1100g
	Palladium	10,72g
	Platin	3,75g
	Rhodium	0,78g

Typ 004	Daten	
	Gewicht Keramik	1250g
	Palladium	N/A
	Platin	5,9g
	Rhodium	N/A

Fiat

Typ 001	Daten	
	Gewicht Keramik	250g
	Palladium	N/A
	Platin	8,4g
	Rhodium	N/A

Typ 002	Daten	
	Gewicht Keramik	250g
	Palladium	N/A
	Platin	6,15g
	Rhodium	1,37g

Typ 003	Daten	
	Gewicht Keramik	320g
	Palladium	N/A
	Platin	6,22g
	Rhodium	1,24g

Typ 004	Daten	
	Gewicht Keramik	600g
	Palladium	N/A
	Platin	5,9g
	Rhodium	0,68g

Typ 005	Daten	
	Gewicht Keramik	600g
	Palladium	N/A
	Platin	5,13g
	Rhodium	1,11g

Typ 006	Daten	
	Gewicht Keramik	620g
	Palladium	N/A
	Platin	6,5g
	Rhodium	1,24g

Typ 007	Daten	
	Gewicht Keramik	640g
	Palladium	N/A
	Platin	5,25g
	Rhodium	0,62g

Typ 008	Daten	
	Gewicht Keramik	640g
	Palladium	N/A
	Platin	12,12g
	Rhodium	N/A

Typ 009	Daten	
	Gewicht Keramik	700g
	Palladium	N/A
	Platin	1,52g
	Rhodium	N/A

Typ 010	Daten	
	Gewicht Keramik	740g
	Palladium	N/A
	Platin	7,46g
	Rhodium	1,46g

Typ 011	Daten	
	Gewicht Keramik	800g
	Palladium	N/A
	Platin	5,44g
	Rhodium	N/A

Typ 012	Daten	
	Gewicht Keramik	800g
	Palladium	N/A
	Platin	5,13g
	Rhodium	1,11g

Typ 013	Daten	
	Gewicht Keramik	800g
	Palladium	N/A
	Platin	7,55g
	Rhodium	1,4g

Typ 014	Daten	
	Gewicht Keramik	850g
	Palladium	N/A
	Platin	5,44g
	Rhodium	1,09g

Typ 015	Daten	
	Gewicht Keramik	850g
	Palladium	N/A
	Platin	7,3g
	Rhodium	0,75

Typ 016	Daten	
	Gewicht Keramik	870g
	Palladium	N/A
	Platin	6,84g
	Rhodium	1,55g

Typ 017	Daten	
	Gewicht Keramik	900g
	Palladium	N/A
	Platin	5,6g
	Rhodium	N/A

Typ 018	Daten	
	Gewicht Keramik	900g
	Palladium	5,29g
	Platin	N/A
	Rhodium	0,8g

Typ 019	Daten	
	Gewicht Keramik	900g
	Palladium	10,72g
	Platin	3,57g
	Rhodium	0,78g

Typ 020	Daten	
	Gewicht Keramik	940g
	Palladium	5,75g
	Platin	N/A
	Rhodium	1,05g

Typ 021	Daten	
	Gewicht Keramik	950g
	Palladium	5,88
	Platin	N/A
	Rhodium	1,37g

Typ 022	Daten	
	Gewicht Keramik	980g
	Palladium	N/A
	Platin	6,22g
	Rhodium	13,68g

Typ 023	Daten	
	Gewicht Keramik	990g
	Palladium	N/A
	Platin	5,13g
	Rhodium	1,37g

Typ 024	Daten	
	Gewicht Keramik	1000g
	Palladium	N/A
	Platin	7,46g
	Rhodium	1,33g

Typ 025	Daten	
	Gewicht Keramik	1000g
	Palladium	N/A
	Platin	6,22g
	Rhodium	0,74g

Typ 026	Daten	
	Gewicht Keramik	1050g
	Palladium	5,28g
	Platin	N/A
	Rhodium	0,78g

Typ 027	Daten	
	Gewicht Keramik	1050g
	Palladium	4g
	Platin	N/A
	Rhodium	0,62g

Typ 028	Daten	
	Gewicht Keramik	1100g
	Palladium	7g
	Platin	N/A
	Rhodium	1,4g

Typ 029	Daten	
	Gewicht Keramik	1100g
	Palladium	10,88g
	Platin	N/A
	Rhodium	0,87g

Typ 030	Daten	
	Gewicht Keramik	1200g
	Palladium	N/A
	Platin	7,6g
	Rhodium	N/A

Typ 031	Daten	
	Gewicht Keramik	1200g
	Palladium	N/A
	Platin	6,5g
	Rhodium	1,4g

Typ 032	Daten	
	Gewicht Keramik	1300g
	Palladium	N/A
	Platin	5,44g
	Rhodium	1,21g

Typ 033	Daten	
	Gewicht Keramik	1300g
	Palladium	N/A
	Platin	5,28g
	Rhodium	1,244g

Typ 034	Daten	
	Gewicht Keramik	1300g
	Palladium	N/A
	Platin	4,66g
	Rhodium	1,08g

Typ 035	Daten	
	Gewicht Keramik	1500g
	Palladium	7,15g
	Platin	N/A
	Rhodium	1,15g

Typ 036	Daten	
	Gewicht Keramik	1550g
	Palladium	7,27g
	Platin	N/A
	Rhodium	0,65g

Typ 037	Daten	
	Gewicht Keramik	1600g
	Palladium	N/A
	Platin	18,97g
	Rhodium	N/A

Ford

Typ 001	Daten	
	Gewicht Keramik	200g
	Palladium	N/A
	Platin	5,75g
	Rhodium	1,15g

Typ 002	Daten	
	Gewicht Keramik	250g
	Palladium	N/A
	Platin	4g
	Rhodium	0,778g

Typ 003	Daten	
	Gewicht Keramik	300g
	Palladium	4,5g
	Platin	N/A
	Rhodium	0,93g

Typ 004	Daten	
	Gewicht Keramik	360g
	Palladium	N/A
	Platin	2g
	Rhodium	1,43g

Typ 005	Daten	
	Gewicht Keramik	380g
	Palladium	N/A
	Platin	5,75g
	Rhodium	1,275g

Typ 006	Daten	
	Gewicht Keramik	390g
	Palladium	N/A
	Platin	5g
	Rhodium	0,4g

Typ 007	Daten	
	Gewicht Keramik	400g
	Palladium	N/A
	Platin	7,61g
	Rhodium	N/A

Typ 008	Daten	
	Gewicht Keramik	550g
	Palladium	2,8g
	Platin	N/A
	Rhodium	0,8g

Typ 009	Daten	
	Gewicht Keramik	550g
	Palladium	N/A
	Platin	5,47g
	Rhodium	1,05g

Typ 010	Daten	
	Gewicht Keramik	600g
	Palladium	N/A
	Platin	1,55g
	Rhodium	N/A

Typ 011	Daten	
	Gewicht Keramik	640g
	Palladium	N/A
	Platin	5,22g
	Rhodium	1,02g

Typ 012	Daten	
	Gewicht Keramik	650g
	Palladium	N/A
	Platin	5,72g
	Rhodium	1,15g

Typ 013	Daten	
	Gewicht Keramik	650g
	Palladium	N/A
	Platin	1,61g
	Rhodium	N/A

Typ 014	Daten	
	Gewicht Keramik	700g
	Palladium	0,466g
	Platin	4,66g
	Rhodium	0,83g

Typ 015	Daten	
	Gewicht Keramik	730g
	Palladium	N/A
	Platin	4,79g
	Rhodium	1g

Typ 016	Daten	
	Gewicht Keramik	730g
	Palladium	N/A
	Platin	3,88g
	Rhodium	0,8g

Typ 017	Daten	
	Gewicht Keramik	800g
	Palladium	7,15g
	Platin	N/A
	Rhodium	1,06g

Typ 018	Daten	
	Gewicht Keramik	820g
	Palladium	4
	Platin	4g
	Rhodium	0,65g

Typ 019	Daten	
	Gewicht Keramik	850g
	Palladium	N/A
	Platin	19,28g
	Rhodium	N/A

Typ 020	Daten	
	Gewicht Keramik	880g
	Palladium	2,61g
	Platin	N/A
	Rhodium	0,93g

Typ 021	Daten	
	Gewicht Keramik	890g
	Palladium	N/A
	Platin	5,9g
	Rhodium	N/Ag

Typ 022	Daten	
	Gewicht Keramik	900g
	Palladium	N/A
	Platin	4,98g
	Rhodium	1,06g

Typ 023	Daten	
	Gewicht Keramik	900g
	Palladium	4,35g
	Platin	2,49g
	Rhodium	0,99g

Typ 024	Daten	
	Gewicht Keramik	900g
	Palladium	4g
	Platin	2,49g
	Rhodium	0,93g

Typ 025	Daten	
	Gewicht Keramik	900g
	Palladium	5,9g
	Platin	N/A
	Rhodium	0,84g

Typ 026	Daten	
	Gewicht Keramik	900g
	Palladium	4,66g
	Platin	0,35g
	Rhodium	1,24g

Typ 027	Daten	
	Gewicht Keramik	900g
	Palladium	N/A
	Platin	6,66g
	Rhodium	1,27g

Typ 028	Daten	
	Gewicht Keramik	900g
	Palladium	6,96g
	Platin	N/A
	Rhodium	1,05g

Typ 029	Daten	
	Gewicht Keramik	920g
	Palladium	8,15g
	Platin	N/A
	Rhodium	1,02g

Typ 030	Daten	
	Gewicht Keramik	990g
	Palladium	0,26g
	Platin	3,95g
	Rhodium	0,25g

Typ 031	Daten	
	Gewicht Keramik	1050g
	Palladium	N/A
	Platin	9,17g
	Rhodium	N/A

44 Ford

Typ 032	Daten	
	Gewicht Keramik	1080g
	Palladium	3,07g
	Platin	6,22g
	Rhodium	1,05g

Typ 033	Daten	
	Gewicht Keramik	1100g
	Palladium	N/A
	Platin	4,66g
	Rhodium	N/A

Typ 034	Daten	
	Gewicht Keramik	1100g
	Palladium	N/A
	Platin	5,97g
	Rhodium	1,33g

Typ 035	Daten	
	Gewicht Keramik	1100g
	Palladium	0,62g
	Platin	2,55g
	Rhodium	0,37g

Typ 036	Daten	
	Gewicht Keramik	1120g
	Palladium	N/A
	Platin	6,47g
	Rhodium	1,27g

Typ 037	Daten	
	Gewicht Keramik	1200g
	Palladium	3,11g
	Platin	4g
	Rhodium	0,9g

Typ 038	Daten	
	Gewicht Keramik	1250g
	Palladium	13,21g
	Platin	N/A
	Rhodium	1g

Typ 039	Daten	
	Gewicht Keramik	1320g
	Palladium	1,49g
	Platin	1,8g
	Rhodium	N/A

46   Ford

Typ 040	Daten	
	Gewicht Keramik	1450g
	Palladium	N/A
	Platin	8,39g
	Rhodium	N/A

Typ 041	Daten	
	Gewicht Keramik	1650g
	Palladium	1,33
	Platin	3,88g
	Rhodium	0,28g

Typ 042	Daten	
	Gewicht Keramik	1680g
	Palladium	N/A
	Platin	2,64g
	Rhodium	0,46g

Kia

Typ 001	Daten	
	Gewicht Keramik	1290g
	Palladium	11,04g
	Platin	N/A
	Rhodium	1,99g

Honda

Typ 001	Daten	
	Gewicht Keramik	500g
	Palladium	N/A
	Platin	4,66g
	Rhodium	0,93g

Typ 002	Daten	
	Gewicht Keramik	800g
	Palladium	N/A
	Platin	4,78g
	Rhodium	0,93g

Typ 003	Daten	
	Gewicht Keramik	850g
	Palladium	N/A
	Platin	3,88g
	Rhodium	0,77g

Typ 004	Daten	
	Gewicht Keramik	850g
	Palladium	N/A
	Platin	5,13g
	Rhodium	0,93g

Typ 005	Daten	
	Gewicht Keramik	900g
	Palladium	8,86g
	Platin	2,64g
	Rhodium	0,8g

Typ 006	Daten	
	Gewicht Keramik	950g
	Palladium	N/A
	Platin	4,47g
	Rhodium	0,77g

Typ 007	Daten	
	Gewicht Keramik	950g
	Palladium	N/A
	Platin	5,44g
	Rhodium	1,18g

Typ 008	Daten	
	Gewicht Keramik	1200g
	Palladium	N/A
	Platin	4g
	Rhodium	0,8g

Typ 009	Daten	
10,5 9,5 9,5	Gewicht Keramik	1250g
	Palladium	N/A
	Platin	4,8g
	Rhodium	0,99g

Hyundai

Typ 001	Daten	
	Gewicht Keramik	530g
	Palladium	6,53g
	Platin	N/A
	Rhodium	1,21g

Typ 002	Daten	
	Gewicht Keramik	600g
	Palladium	5,75g
	Platin	N/A
	Rhodium	0,9g

Typ 003	Daten	
	Gewicht Keramik	600g
	Palladium	26,52g
	Platin	N/A
	Rhodium	0,09g

Typ 004	Daten	
	Gewicht Keramik	700g
	Palladium	N/A
	Platin	15,86g
	Rhodium	N/A

Typ 005	Daten	
	Gewicht Keramik	880g
	Palladium	N/A
	Platin	5,78g
	Rhodium	1,08g

Typ 006	Daten	
	Gewicht Keramik	1100g
	Palladium	6,53
	Platin	N/A
	Rhodium	1,08g

Typ 007	Daten	
	Gewicht Keramik	1400g
	Palladium	N/A
	Platin	9g
	Rhodium	N/A

Jaguar

Typ 001	Daten	
	Gewicht Keramik	690g
	Palladium	22,08g
	Platin	N/A
	Rhodium	1,24g

Typ 002	Daten	
	Gewicht Keramik	200g
	Palladium	N/A
	Platin	5,13g
	Rhodium	1,05g

Jeep

Typ 001	Daten	
	Gewicht Keramik	2050g
	Palladium	2,23g
	Platin	0,4g
	Rhodium	4,66g

Typ 002	Daten	
	Gewicht Keramik	2350g
	Palladium	3,57g
	Platin	0,68g
	Rhodium	0,65g

Kia

Typ 001	Daten	
	Gewicht Keramik	1000g
	Palladium	7,5g
	Platin	N/A
	Rhodium	1,33g

Typ 002	Daten	
	Gewicht Keramik	1250g
	Palladium	N/A
	Platin	5,22g
	Rhodium	N/A

Lada

Typ 001	Daten	
	Gewicht Keramik	600g
	Palladium	N/A
	Platin	3,26g
	Rhodium	0,46g

Typ 002	Daten	
	Gewicht Keramik	1000g
	Palladium	N/A
	Platin	2,76g
	Rhodium	0,52g

Mazda

Typ 001	Daten	
	Gewicht Keramik	400g
	Palladium	N/A
	Platin	2,64g
	Rhodium	N/A

Typ 002	Daten	
	Gewicht Keramik	420g
	Palladium	N/A
	Platin	3,88g
	Rhodium	0,68g

Typ 003	Daten	
	Gewicht Keramik	420g
	Palladium	4,44g
	Platin	N/A
	Rhodium	0,87g

Typ 004	Daten	
	Gewicht Keramik	720g
	Palladium	N/A
	Platin	6,6g
	Rhodium	1,2g

Typ 005	Daten	
	Gewicht Keramik	740g
	Palladium	N/A
	Platin	6,35g
	Rhodium	1,27g

Typ 006	Daten	
	Gewicht Keramik	800g
	Palladium	N/A
	Platin	6,66g
	Rhodium	1,43g

Typ 007	Daten	
	Gewicht Keramik	880g
	Palladium	N/A
	Platin	7,21g
	Rhodium	1,52g

Typ 008	Daten	
	Gewicht Keramik	900g
	Palladium	N/A
	Platin	8,4g
	Rhodium	1,67g

Typ 009	Daten	
	Gewicht Keramik	900g
	Palladium	N/A
	Platin	5,7g
	Rhodium	1,43g

Typ 010	Daten	
	Gewicht Keramik	900g
	Palladium	N/A
	Platin	7,24g
	Rhodium	1,52g

Typ 011	Daten	
	Gewicht Keramik	900g
	Palladium	N/A
	Platin	5,47g
	Rhodium	1,18g

Typ 012	Daten	
	Gewicht Keramik	950g
	Palladium	N/A
	Platin	7,3g
	Rhodium	1,46g

Typ 013	Daten	
	Gewicht Keramik	1080g
	Palladium	5,25g
	Platin	N/A
	Rhodium	1,21g

Typ 014	Daten	
	Gewicht Keramik	1090g
	Palladium	N/A
	Platin	6,37g
	Rhodium	1,05g

Typ 015	Daten	
	Gewicht Keramik	1100g
	Palladium	N/A
	Platin	11,5g
	Rhodium	N/A

Typ 016	Daten	
	Gewicht Keramik	1380g
	Palladium	N/A
	Platin	6,4g
	Rhodium	1,4g

Mercedes Benz

Typ 001	Daten	
	Gewicht Keramik	380g
	Palladium	29,85g
	Platin	0,93g
	Rhodium	0,93g

Typ 002	Daten	
	Gewicht Keramik	580g
	Palladium	7,3g
	Platin	0,59g
	Rhodium	0,65g

Typ 003	Daten	
	Gewicht Keramik	650g
	Palladium	N/A
	Platin	14,92g
	Rhodium	N/A

Typ 004	Daten	
	Gewicht Keramik	650g
	Palladium	6,22
	Platin	N/A
	Rhodium	0,96g

Typ 005	Daten	
	Gewicht Keramik	650g
	Palladium	N/A
	Platin	8,7g
	Rhodium	N/A

Typ 006	Daten	
	Gewicht Keramik	900g
	Palladium	N/A
	Platin	15,5g
	Rhodium	N/A

Typ 007	Daten	
	Gewicht Keramik	900g
	Palladium	N/A
	Platin	6,84g
	Rhodium	N/A

Typ 008	Daten	
	Gewicht Keramik	930g
	Palladium	N/A
	Platin	6,74g
	Rhodium	1,36g

Typ 009	Daten	
	Gewicht Keramik	950g
	Palladium	N/A
	Platin	5,75g
	Rhodium	N/A

Typ 010	Daten	
	Gewicht Keramik	1140g
	Palladium	N/A
	Platin	7,6g
	Rhodium	1,55g

Typ 011	Daten	
	Gewicht Keramik	1100g
	Palladium	N/A
	Platin	6,5g
	Rhodium	N/A

Typ 012	Daten	
	Gewicht Keramik	1200g
	Palladium	N/A
	Platin	14g
	Rhodium	N/A

Typ 013	Daten	
	Gewicht Keramik	1200g
	Palladium	N/A
	Platin	4,97g
	Rhodium	1g

Typ 014	Daten	
	Gewicht Keramik	1200g
	Palladium	N/A
	Platin	10,88g
	Rhodium	N/A

Typ 015	Daten	
	Gewicht Keramik	1320g
	Palladium	12,9g
	Platin	0,68g
	Rhodium	0,77g

Typ 016	Daten	
	Gewicht Keramik	1480g
	Palladium	5,6g
	Platin	N/A
	Rhodium	0,9g

Typ 017	Daten	
	Gewicht Keramik	1500g
	Palladium	N/A
	Platin	5,66g
	Rhodium	1,18g

Typ 018	Daten	
	Gewicht Keramik	1700g
	Palladium	5,9g
	Platin	N/A
	Rhodium	1,11g

Typ 019	Daten	
	Gewicht Keramik	1800g
	Palladium	N/A
	Platin	5,6g
	Rhodium	1,24g

Typ 020	Daten	
	Gewicht Keramik	1850g
	Palladium	9,8g
	Platin	N/A
	Rhodium	1g

Typ 021	Daten	
	Gewicht Keramik	1900g
	Palladium	8,99g
	Platin	5,06g
	Rhodium	0,49g

Typ 022	Daten	
	Gewicht Keramik	2050g
	Palladium	N/A
	Platin	11,4g
	Rhodium	N/A

Mini

Typ 001	Daten	
	Gewicht Keramik	800g
	Palladium	2,83g
	Platin	N/A
	Rhodium	0,74g

Mitsubishi

Typ 001	Daten	
	Gewicht Keramik	850g
	Palladium	N/A
	Platin	5,34g
	Rhodium	0,96g

Typ 002	Daten	
	Gewicht Keramik	950g
	Palladium	N/A
	Platin	4,9g
	Rhodium	1g

Typ 003	Daten	
	Gewicht Keramik	1000g
	Palladium	1,8g
	Platin	1,68g
	Rhodium	0,9g

Typ 004	Daten	
	Gewicht Keramik	1050g
	Palladium	N/A
	Platin	5,34g
	Rhodium	1,49g

Typ 005	Daten	
	Gewicht Keramik	1070g
	Palladium	N/A
	Platin	5,75g
	Rhodium	1,15g

Nissan

Typ 001	Daten	
	Gewicht Keramik	600g
	Palladium	N/A
	Platin	5,2g
	Rhodium	1g

Typ 002	Daten	
	Gewicht Keramik	800g
	Palladium	N/A
	Platin	7g
	Rhodium	1,11g

Typ 003	Daten	
	Gewicht Keramik	1050g
	Palladium	0,71g
	Platin	7,12g
	Rhodium	1,11g

Typ 004	Daten	
	Gewicht Keramik	1150g
	Palladium	N/A
	Platin	4,7g
	Rhodium	0,83g

Typ 005	Daten	
	Gewicht Keramik	1200g
	Palladium	N/A
	Platin	4,97g
	Rhodium	0,9g

Opel

Typ 001	Daten	
	Gewicht Keramik	730g
	Palladium	N/A
	Platin	7,3g
	Rhodium	1g

Typ 002	Daten	
	Gewicht Keramik	750g
	Palladium	N/A
	Platin	4,3g
	Rhodium	0,8g

Typ 003	Daten	
	Gewicht Keramik	750g
	Palladium	N/A
	Platin	7,4g
	Rhodium	1,08g

Typ 004	Daten	
	Gewicht Keramik	770g
	Palladium	N/A
	Platin	7,93g
	Rhodium	1,2g

Typ 005	Daten	
	Gewicht Keramik	830g
	Palladium	N/A
	Platin	7,4g
	Rhodium	1,12g

Typ 006	Daten	
	Gewicht Keramik	850g
	Palladium	N/A
	Platin	5,08g
	Rhodium	1,02g

Typ 007	Daten	
	Gewicht Keramik	900g
	Palladium	5,75g
	Platin	N/A
	Rhodium	1,24g

Typ 008	Daten	
	Gewicht Keramik	900g
	Palladium	N/A
	Platin	4,94g
	Rhodium	1,05g

Typ 009	Daten	
	Gewicht Keramik	920g
	Palladium	13,8g
	Platin	N/A
	Rhodium	1,5g

Typ 010	Daten	
	Gewicht Keramik	1000g
	Palladium	N/A
	Platin	4,8g
	Rhodium	N/A

Typ 011	Daten	
	Gewicht Keramik	1000g
	Palladium	7,77g
	Platin	3,42g
	Rhodium	0,55g

Typ 012	Daten	
	Gewicht Keramik	1060g
	Palladium	N/A
	Platin	0,13g
	Rhodium	0,87g

Typ 013	Daten	
	Gewicht Keramik	1220g
	Palladium	9,23g
	Platin	3,66g
	Rhodium	0,77g

Typ 014	Daten	
	Gewicht Keramik	1260g
	Palladium	7,24g
	Platin	3,66g
	Rhodium	0,8g

Typ 015	Daten	
	Gewicht Keramik	1270g
	Palladium	N/A
	Platin	5,69g
	Rhodium	1,08g

Opel   77

Typ 016	Daten	
	Gewicht Keramik	1270g
	Palladium	N/A
	Platin	5,19g
	Rhodium	0,99g

Typ 017	Daten	
	Gewicht Keramik	1350g
	Palladium	N/A
	Platin	6,22g
	Rhodium	1,18g

Typ 018	Daten	
	Gewicht Keramik	1270g
	Palladium	N/A
	Platin	5,3g
	Rhodium	1,05g

Typ 019	Daten	
	Gewicht Keramik	1500g
	Palladium	N/A
	Platin	2,98g
	Rhodium	0,74g

Typ 020	Daten	
	Gewicht Keramik	1600g
	Palladium	10,1g
	Platin	0,46g
	Rhodium	0,77g

Typ 021	Daten	
	Gewicht Keramik	1600g
	Palladium	N/A
	Platin	4,29g
	Rhodium	0,49g

Typ 022	Daten	
	Gewicht Keramik	1600g
	Palladium	N/A
	Platin	7,77g
	Rhodium	N/A

Typ 023	Daten	
	Gewicht Keramik	1380g
	Palladium	N/A
	Platin	5,78g
	Rhodium	1,08g

Peugeot, Citroen, BMW

Typ 001	Daten	
	Gewicht Keramik	850g
	Palladium	9,48g
	Platin	N/A
	Rhodium	1,18g

PSA

Typ 001	Daten	
	Gewicht Keramik	430g
	Palladium	4,63
	Platin	N/A
	Rhodium	2,02g

Typ 002	Daten	
	Gewicht Keramik	580g
	Palladium	N/A
	Platin	6,3g
	Rhodium	1,33g

Typ 003	Daten	
	Gewicht Keramik	600g
	Palladium	6,84g
	Platin	5,75g
	Rhodium	1g

Typ 004	Daten	
	Gewicht Keramik	630g
	Palladium	2,64g
	Platin	N/A
	Rhodium	0,49g

Typ 005	Daten	
	Gewicht Keramik	700g
	Palladium	N/A
	Platin	4,66g
	Rhodium	0,62g

Typ 006	Daten	
	Gewicht Keramik	740g
	Palladium	4,8g
	Platin	N/A
	Rhodium	0,52g

Typ 007	Daten	
	Gewicht Keramik	750g
	Palladium	6,22g
	Platin	N/A
	Rhodium	0,93g

Typ 008	Daten	
	Gewicht Keramik	770g
	Palladium	N/A
	Platin	5,75g
	Rhodium	1g

Typ 009	Daten	
	Gewicht Keramik	770g
	Palladium	7,15g
	Platin	N/A
	Rhodium	1,43g

Typ 010	Daten	
	Gewicht Keramik	800g
	Palladium	N/A
	Platin	5g
	Rhodium	1g

Typ 011	Daten	
	Gewicht Keramik	820g
	Palladium	N/A
	Platin	5,9g
	Rhodium	1,2g

Typ 012

Daten	
Gewicht Keramik	830g
Palladium	N/A
Platin	5,28g
Rhodium	1g

Typ 013

Daten	
Gewicht Keramik	850g
Palladium	N/A
Platin	5,9g
Rhodium	1,18g

Typ 014

Daten	
Gewicht Keramik	890g
Palladium	N/A
Platin	9,33g
Rhodium	N/A

Typ 015

Daten	
Gewicht Keramik	900g
Palladium	4,82g
Platin	N/A
Rhodium	0,93g

Typ 016	Daten	
	Gewicht Keramik	940g
	Palladium	2,2g
	Platin	2,89g
	Rhodium	1,05g

Typ 017	Daten	
	Gewicht Keramik	950g
	Palladium	N/A
	Platin	4,35g
	Rhodium	0,87g

Typ 018	Daten	
	Gewicht Keramik	1350g
	Palladium	N/A
	Platin	4,04g
	Rhodium	0,87g

Typ 019	Daten	
	Gewicht Keramik	1400g
	Palladium	N/A
	Platin	13,21g
	Rhodium	N/A

Typ 020	Daten	
	Gewicht Keramik	1500g
	Palladium	N/A
	Platin	5,75g
	Rhodium	1,15g

Renault

Typ 001	Daten	
	Gewicht Keramik	400g
	Palladium	N/A
	Platin	15,14
	Rhodium	N/A

Typ 002	Daten	
	Gewicht Keramik	400g
	Palladium	N/A
	Platin	17,72g
	Rhodium	N/A

Typ 003	Daten	
	Gewicht Keramik	440g
	Palladium	N/A
	Platin	30,26g
	Rhodium	N/A

Typ 004	Daten	
	Gewicht Keramik	800g
	Palladium	N/A
	Platin	2,02g
	Rhodium	N/A

Typ 005	Daten	
	Gewicht Keramik	950g
	Palladium	N/A
	Platin	2g
	Rhodium	N/A

Typ 006	Daten	
	Gewicht Keramik	1000g
	Palladium	N/A
	Platin	8,4g
	Rhodium	N/A

Typ 007	Daten	
	Gewicht Keramik	1000g
	Palladium	6,37
	Platin	N/A
	Rhodium	1,18g

Typ 008	Daten	
	Gewicht Keramik	1100g
	Palladium	6,5g
	Platin	N/A
	Rhodium	1,24g

Typ 009	Daten	
	Gewicht Keramik	1100g
	Palladium	5,38g
	Platin	1,4g
	Rhodium	1,15g

Typ 010	Daten	
	Gewicht Keramik	1850g
	Palladium	N/A
	Platin	7g
	Rhodium	0,77g

SAAB

Typ 001	Daten	
	Gewicht Keramik	930g
	Palladium	N/A
	Platin	3,17g
	Rhodium	1,15g

Typ 002	Daten	
	Gewicht Keramik	980g
	Palladium	N/A
	Platin	6,34g
	Rhodium	0,04g

Typ 003	Daten	
	Gewicht Keramik	1200g
	Palladium	N/A
	Platin	6,77g
	Rhodium	1,3g

Typ 004	Daten	
	Gewicht Keramik	1350g
	Palladium	N/A
	Platin	8,33g
	Rhodium	1,77g

Seat

Typ 001	Daten	
	Gewicht Keramik	500g
	Palladium	N/A
	Platin	7,1g
	Rhodium	1,3g

Typ 002	Daten	
	Gewicht Keramik	650g
	Palladium	N/A
	Platin	7g
	Rhodium	1,08g

Skoda

Typ 001	Daten	
	Gewicht Keramik	790g
	Palladium	N/A
	Platin	5,34g
	Rhodium	1,05g

Typ 002	Daten	
	Gewicht Keramik	820g
	Palladium	10,2g
	Platin	0,34g
	Rhodium	1,89g

Subaru

Typ 001	Daten	
	Gewicht Keramik	290g
	Palladium	8,55g
	Platin	N/A
	Rhodium	1,74g

Typ 002	Daten	
	Gewicht Keramik	300g
	Palladium	N/A
	Platin	6,22g
	Rhodium	6,84g

Typ 003	Daten	
	Gewicht Keramik	300g
	Palladium	10,2g
	Platin	0,34g
	Rhodium	1,89g

Typ 004	Daten	
	Gewicht Keramik	470g
	Palladium	3,85g
	Platin	0,49g
	Rhodium	0,49g

Typ 005	Daten	
	Gewicht Keramik	550g
	Palladium	N/A
	Platin	6,56g
	Rhodium	1,27g

Typ 006	Daten	
	Gewicht Keramik	590g
	Palladium	3g
	Platin	1,9g
	Rhodium	0,52g

Typ 007	Daten	
	Gewicht Keramik	600g
	Palladium	N/A
	Platin	0,56g
	Rhodium	0,55g

Typ 008	Daten	
	Gewicht Keramik	750g
	Palladium	4g
	Platin	N/A
	Rhodium	0,96g

Typ 009	Daten	
	Gewicht Keramik	790g
	Palladium	12g
	Platin	3,4g
	Rhodium	1g

Typ 010	Daten	
	Gewicht Keramik	850g
	Palladium	N/A
	Platin	0,77g
	Rhodium	0,8g

Typ 011	Daten	
	Gewicht Keramik	890g
	Palladium	N/A
	Platin	4,57g
	Rhodium	1,18g

Suzuki

Typ 001	Daten	
	Gewicht Keramik	400g
	Palladium	N/A
	Platin	4,19g
	Rhodium	1,71g

Typ 002	Daten	
	Gewicht Keramik	430g
	Palladium	N/A
	Platin	4,5g
	Rhodium	0,87g

Typ 003	Daten	
	Gewicht Keramik	550g
	Palladium	N/A
	Platin	4,66g
	Rhodium	0,87g

Typ 004	Daten	
	Gewicht Keramik	200g
	Palladium	N/A
	Platin	6,56g
	Rhodium	1,27g

Typ 005	Daten	
	Gewicht Keramik	600g
	Palladium	8,61g
	Platin	0,74g
	Rhodium	0,68g

Typ 006	Daten	
	Gewicht Keramik	640g
	Palladium	N/A
	Platin	8,45g
	Rhodium	2,36g

Typ 007	Daten	
	Gewicht Keramik	670g
	Palladium	0,37g
	Platin	3,35g
	Rhodium	1,36g

Typ 008	Daten	
	Gewicht Keramik	700g
	Palladium	7,3g
	Platin	N/A
	Rhodium	0,8g

Typ 009	Daten	
	Gewicht Keramik	700g
	Palladium	N/A
	Platin	6,62g
	Rhodium	1,3g

Typ 010	Daten	
	Gewicht Keramik	790g
	Palladium	N/A
	Platin	5,9g
	Rhodium	1,43g

Typ 011	Daten	
	Gewicht Keramik	850g
	Palladium	N/A
	Platin	4,4g
	Rhodium	0,83g

Typ 012	Daten	
	Gewicht Keramik	850g
	Palladium	N/A
	Platin	6,71g
	Rhodium	1,15g

Typ 013	Daten	
	Gewicht Keramik	1150g
	Palladium	N/A
	Platin	5,1g
	Rhodium	1g

Typ 014	Daten	
	Gewicht Keramik	1480g
	Palladium	31g
	Platin	N/A
	Rhodium	2g

Toyota

Typ 001	Daten	
	Gewicht Keramik	380g
	Palladium	1,68g
	Platin	N/A
	Rhodium	0,28g

Typ 002	Daten	
	Gewicht Keramik	400g
	Palladium	N/A
	Platin	6,68g
	Rhodium	0,93g

Typ 003	Daten	
	Gewicht Keramik	500g
	Palladium	8,55g
	Platin	0,77g
	Rhodium	0,6g

Typ 004	Daten	
	Gewicht Keramik	550g
	Palladium	N/A
	Platin	9g
	Rhodium	2,4g

Typ 005	Daten	
	Gewicht Keramik	650g
	Palladium	N/A
	Platin	5,4g
	Rhodium	0,96g

Typ 006	Daten	
	Gewicht Keramik	660g
	Palladium	N/A
	Platin	5,84g
	Rhodium	1,2g

Typ 007	Daten	
	Gewicht Keramik	780g
	Palladium	N/A
	Platin	7,12g
	Rhodium	1,43g

Typ 008	Daten	
	Gewicht Keramik	800g
	Palladium	N/A
	Platin	6,22g
	Rhodium	1,18g

Typ 009	Daten	
	Gewicht Keramik	1170g
	Palladium	2,98g
	Platin	4,78g
	Rhodium	0,37g

Typ 010	Daten	
	Gewicht Keramik	1550g
	Palladium	N/A
	Platin	6,5g
	Rhodium	1,3g

Volvo

Typ 001	Daten	
	Gewicht Keramik	1300g
	Palladium	N/A
	Platin	6,4g
	Rhodium	1,21g

Typ 002	Daten	
	Gewicht Keramik	600g
	Palladium	N/A
	Platin	4,9g
	Rhodium	1g

Typ 003	Daten	
	Gewicht Keramik	700g
	Palladium	N/A
	Platin	5,81g
	Rhodium	1,36g

Typ 004	Daten	
	Gewicht Keramik	900g
	Palladium	3,88g
	Platin	3,11g
	Rhodium	1,11g

Typ 005	Daten	
	Gewicht Keramik	950g
	Palladium	6,74g
	Platin	N/A
	Rhodium	1,33g

Typ 006	Daten	
	Gewicht Keramik	1160g
	Palladium	N/A
	Platin	5,03g
	Rhodium	1g

Typ 007	Daten	
	Gewicht Keramik	1400g
	Palladium	N/A
	Platin	5,44g
	Rhodium	1,08g

Volkswagen

Typ 001	Daten	
	Gewicht Keramik	250g
	Palladium	N/A
	Platin	1,3g
	Rhodium	N/A

Typ 002	Daten	
	Gewicht Keramik	270g
	Palladium	10,5
	Platin	N/A
	Rhodium	0,93g

Typ 003	Daten	
	Gewicht Keramik	450g
	Palladium	N/A
	Platin	10,88g
	Rhodium	N/A

Typ 004	Daten	
	Gewicht Keramik	500g
	Palladium	N/A
	Platin	6,22g
	Rhodium	N/A

Typ 005	Daten	
	Gewicht Keramik	550g
	Palladium	N/A
	Platin	7,61g
	Rhodium	N/A

Typ 006	Daten	
	Gewicht Keramik	550g
	Palladium	N/A
	Platin	16g
	Rhodium	N/A

Typ 007	Daten	
	Gewicht Keramik	580g
	Palladium	13,37g
	Platin	N/A
	Rhodium	0,93g

Typ 008	Daten	
	Gewicht Keramik	730g
	Palladium	N/A
	Platin	6g
	Rhodium	1,27g

Typ 009	Daten	
	Gewicht Keramik	800g
	Palladium	N/A
	Platin	4,82g
	Rhodium	0,65g

Typ 010	Daten	
	Gewicht Keramik	860g
	Palladium	N/A
	Platin	6g
	Rhodium	0,96g

Typ 011	Daten	
	Gewicht Keramik	870g
	Palladium	N/A
	Platin	17,41g
	Rhodium	N/A

Typ 012	Daten	
	Gewicht Keramik	1080g
	Palladium	14,77g
	Platin	N/A
	Rhodium	1,15g

Typ 013	Daten	
	Gewicht Keramik	1100g
	Palladium	15,23g
	Platin	4,66g
	Rhodium	0,8g + 1,15g

Typ 014	Daten	
	Gewicht Keramik	1400g
	Palladium	10,88g
	Platin	3,7g
	Rhodium	0,77g + 0,87g

Volkswagen/AUDI

Typ 001	Daten	
	Gewicht Keramik	350g
	Palladium	N/A
	Platin	5,1g
	Rhodium	0,74g

Typ 002	Daten	
	Gewicht Keramik	500g
	Palladium	N/A
	Platin	6,22g
	Rhodium	N/A

Typ 003	Daten	
	Gewicht Keramik	550g
	Palladium	N/A
	Platin	16g
	Rhodium	N/A

Typ 004	Daten	
	Gewicht Keramik	850g
	Palladium	7,3g
	Platin	N/A
	Rhodium	0,68g

Typ 005	Daten	
	Gewicht Keramik	890g
	Palladium	13,83g
	Platin	N/A
	Rhodium	0,93g

Typ 006	Daten	
	Gewicht Keramik	1370g
	Palladium	13g
	Platin	0,93g
	Rhodium	0,8g

Sonstige/unbekannte/eigene Notizen

Edelmetallgewinnung aus Katalysatoren

Bevor wir uns damit auseinander setzen, wie Edelmetalle aus Fahrzeugkatalysatoren mit möglichst einfachen Mitteln gewonnen werden können, hier nun zunächst eine Übersicht, der derzeit gängigen Verfahren in Großbetrieben. Möglicherweise ergibt sich hier für den ein oder anderen Leser eine Anregung für einen verkleinerten Prozess.

Industrielles Recycling von Autokatalysatoren

Europas größter Betrieb für die Rückgewinnung von Edelmetallen aus Fahrzeugkatalysatoren ist das Unternehmen Umicore mit einer Betriebsstätte in Hoboken/Antwerpen in den Niederlanden. Die **n.v. Umicore S.A.** ist ein belgischer Materialtechnologie-Konzern mit Hauptsitz in Brüssel, Belgien.

Das Unternehmen beschäftigt weltweit etwa 14.300 Mitarbeiter und ist an der belgischen Börse Euronext gelistet. Im Jahr 2010 erwirtschaftete Umicore einen Umsatz von rund 9,7 Milliarden Euro.

Das Unternehmen wurde im Jahr 1909 unter dem Namen *Union Minière du Haut Katanga (UMHK)* („Bergbau Union") als staatliche Berghaugesellschaft gegründet. Schwerpunktmäßig war das Unternehmen in seinen Anfängen in Katanga tätig, das zum belgischen Kolonialbesitz Kongo in Afrika gehörte. Im Jahr 1989 erfolgte eine Fusion mit den Firmen Metallurgie Hoboken-Overpelt (MHO) und Vieille Montagne zu einem Basismetallerzeuger.

Das Unternehmen entwickelte sich dann in den 1990er Jahren zu einem Metall- und Werkstoffkonzern. Dieser Neuausrichtung wurde im Jahr 2000 durch die Umbenennung in den heutigen Namen „Umicore" auch Rechnung getragen. Im Sommer 2003 übernahm Umicore schließlich die ehemaligen Degussa-Aktivitäten im Edelmetall-Sektor (Unternehmen Dmc²) von der OM Group, Cleveland (USA) und erweiterte damit sein Portfolio um diesen Produktbereich.

Seit dem Kauf durch Umicore im Jahr 2003 wird das

Traditionsgeschäft der Edelmetallscheidung (Refining) in Deutschland (einst das Herzstück und namensgebende Geschäft der Degussa) in mehreren Schritten von Hanau nach Hoboken (Belgien) verlagert, was dazu führte, dass viele Stellen abgebaut worden sind. Die Edelmetallscheidung wird dann zukünftig, neben der größtenteils eigenständig operierenden Tochtergesellschaft Allgemeine Gold- und Silberscheideanstalt AG (Allgemeine) in Pforzheim, nur noch in geringem Umfang in Hanau weitergeführt. Die Umicore beabsichtigt über ihre Holdinggesellschaft Umicore Finance Luxembourg S.A die Allgemeine, an der sie bereits einen Anteil von 92,2 Prozent (Stand Mai 2009) besitzt, Anfang 2009 durch ein Übernahmeangebot an die restlichen Aktionäre und nach einem möglichen Squeeze-Out vollständig zu übernehmen. Dieses Kaufangebot verstrich, ohne dass die zu einem Squeeze-Out erforderliche Mehrheit zusammenkam. Der aktuelle Anteil an der Allgemeine beträgt gemäß dem Jahresbericht 2009 nun 91,21 Prozent.[7]

Die DEGUSSA (heute zu UMICORE gehörend) hat in den 1990ern ein Hochtemperatur Elektroofen entwickelt, der sich für die hier gestellte Aufgabe eignet. Seine Arbeitstemperatur liegt bei 1600 °C-1800 °C. Als Flussmittel findet Kalk Verwendung und als Sammlermetall vorwiegend Kupfer oder Nickel.

Die elektrische Energie wird mittel Bodenelektrode, die mit dem Schmelzgut elektrisch in Kontakt steht, sowie eine inerten, vertikal bewegbaren Graphitelektrode, die am Ofendeckel zentral angebracht, ist übertragen.

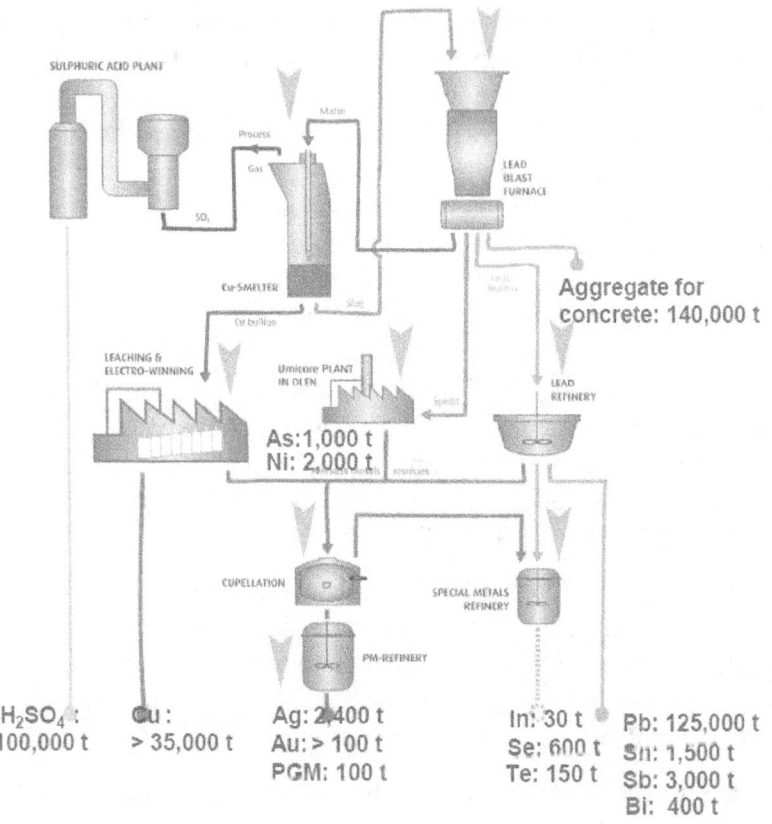

SULPHURIC ACID PLANT

Process Gas

Matte

LEAD BLAST FURNACE

SO₂

Cu-SMELTER

Slag

Cu-bullion

Aggregate for concrete: 140,000 t

LEACHING & ELECTRO-WINNING

Umicore PLANT IN OLEN

As: 1,000 t
Ni: 2,000 t

LEAD REFINERY

CUPELLATION

SPECIAL METALS REFINERY

PM-REFINERY

H_2SO_4: 100,000 t	Cu: > 35,000 t	Ag: 2,400 t Au: > 100 t PGM: 100 t	In: 30 t Se: 600 t Te: 150 t	Pb: 125,000 t Sn: 1,500 t Sb: 3,000 t Bi: 400 t

Abbildung 5: Schematische Prozessabbildung des Verarbeiters UMICORe/Werk Hoboken Quelle:[6]

Die keramischen Bestandteile des Katalysators werden durch ihren hohen elektrischen Widerstand so weit erhitzt, dass sie sich verflüssigen. Der Prozess kann durch die Variation der Position der Graphitelektrode, und eingesetzten Spannung und Stromstärke gesteuert und Schmelztemperatur und Schmelzgeschwindigkeit so kontrolliert werden. Die Edelmetalle werden zunächst mittels des Sammlermetalls Kupfer (in den USA häufig auch Eisen) eingefangen und bei Erreichen einer bestimmten Schwelle mittels Abstich aus dem Ofen abgelassen. Die hierbei anfallende Schlacke wird für Kupferrückgewinnung spezialisierten Unternehmen zugeführt, die hieraus nochmals weitere geringe Mengen Edelmetall zurück gewinnen. Das wesentliche Verfahren hier besteht also darin, die Katalysatoren auf eine Temperatur zur erhitzen, die die Platinmetall schmelzen lässt. Sie sammeln sich dann an dem verwendeten Sammlermetall (z.B. Kupferpulver), bilden dort größere Verbände, die zu einer Schmelze zusammenfließen. Das somit erhaltene Metallgemisch wird dann auf konventionellem Weg – meist mittels Elektrolyse – vom Kupfer wieder befreit und die Platinmetalle finden sich im Bodenschlamm wieder. Es kommt hierbei Schwefelsäure zum Einsatz, aus der später der Kupfer wieder elektrolytisch abgeschieden wird. Da sich im Materialmix des hier vorgestellten Unternehmens auch andere Edel, Halbedel und Nichtedelmetalle befinden als Platin, Palladium und Rhodium, ist die komplette Raffinierungskette komplexer als es bei einem reinen Katalysatorrecycling erforderlich wäre.

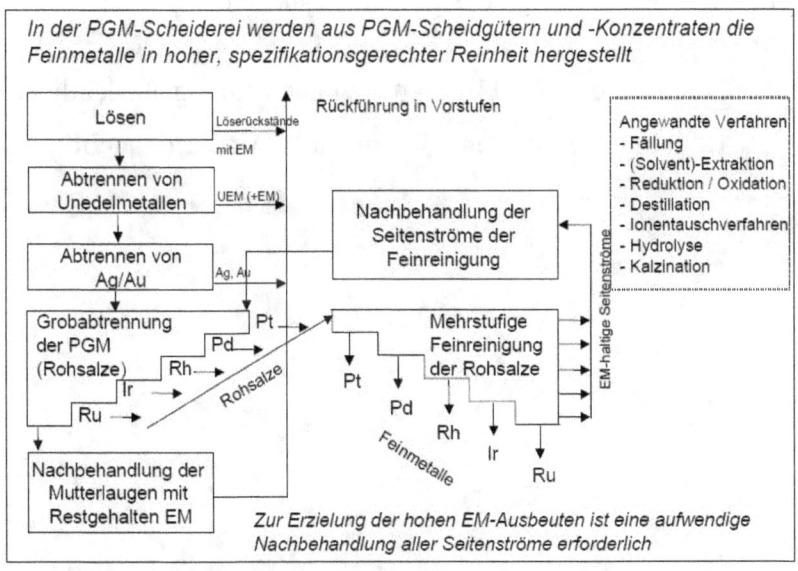

Abbildung 6: Raffination der Platinmetalle [6]

Als nächstes wird nun das vorangereicherte, aber noch nicht reine Material per HCl/CL$_2$ oder Königswasser komplett aufgelöst und anschließend die einzelnen Fraktionen wieder gefällt.

Das industrielle Verfahren nutzt also zunächst elektrische statt chemischer Energie, um die Rohstoffe aus einem Schmelzofen zu bergen. Es ist bekannt, dass die Großindustrie besondere Vergünstigungen beim Strompreis erhält, so dass es für den Kleinbetrieb immer unrentabel sein wird, mit diesen Verfahren zu arbeiten. Würden eines Tages diese finanziellen Vergünstigungen wegfallen, würden auch diese Betriebe evtl. wieder zur Salpetersäure und Co. greifen, wie sie es zuvor hundert Jahre lang getan haben.

Dennoch kann durch mechanische und chemische Vorarbeiten im kleinen Rahmen mitgehalten werden.

Der Schmelzofen erfordert zudem enorme Investitionen, Personal und verursacht Emissionen sowie Schlacke als Abfall.

Daher haben auch kleinere Unternehmen ohne Billigstrom gute Chancen, wenn sie sich gute Alternativen suchen.

Die Raffination mittels Schwefelsäure, HCL+Cl und Königswasser auf Abbildung 5 auf Seite 116 zeigt aber auch eines ganz deutlich:

„Auch bei den Großen wird nur mit Wasser gekocht!"

Edelmetalle und Eigenschaften

Die in Fahrzeugkatalysatoren vorkommenden Edelmetalle stammen alle aus der Platinmetallgruppe. Es sind Platin, Palladium und Rhodium.

Ihre spezifischen Eigenschaften werden hier kurz vorgestellt. Sie geben einen Hinweis auf die Vorgehensweise beim Gewinnen der Edelmetalle aus einem Katalysator. Aufgrund der Vielfalt der Bauformen, Zusammensetzungen und Zuständen der Katalysatoren können Anpassungen an den jeweiligen Prozess erforderlich sein. Sinnvoll ist es wie immer beim Refining, die Fraktionen möglichst sortenrein zu sortieren oder sie durch Mischung zu homogenisieren.

Insbesondere Rhodium ist ein für Laien sehr schwierig zurück zu gewinnendes Metall. Zudem kommt es nur in geringen Mengen in Katalysatoren vor und hat einen Wert, der mit dem des Palladiums vergleichbar ist. Es ist daher zu überlegen, ob man rhodiumhaltige Reste nicht lieber sammelt und sie dann von einer Scheideanstalt zurück gewinnen lässt.

Palladium

Physikalische Eigenschaften

Palladium ist ein Metall und das zweite Element der Nickelgruppe. Es hat von den Elementen dieser Gruppe den niedrigsten Schmelzpunkt und ist auch am reaktionsfreudigsten. Bei Raumtemperatur reagiert es jedoch nicht mit Sauerstoff. Es behält an der Luft seinen metallischen Glanz und läuft nicht an. Bei Erhitzung auf etwa 400 °C läuft es aufgrund der Bildung einer Oxidschicht aus Palladium(II)--oxid stahlblau an. Bei etwa 800 °C zersetzt sich das Oxid wieder wobei die Oberfläche wieder blank wird. Im geglühten Zustand ist es weich und duktil, bei Kaltverformung steigt die Festigkeit und Härte aber schnell an (Kaltverfestigung). Es ist dann deutlich härter als Platin. Bei Temperaturen über 500 °C reagiert Palladium empfindlich auf Schwefel und Schwefelverbindungen (z. B. Gips). Es bildet sich Palladium(II)-sulfid, welches zur Versprödung von Palladium und Palladiumlegierungen führt.

Abbildung 7: Palladium 99,99% rein

Chemische Eigenschaften

Palladium ist ein Edelmetall, auch wenn es deutlich reaktiver ist als das verwandte Element Platin: Es löst sich in Salpetersäure, wobei Palladium(II)-nitrat $Pd(NO3)2$ gebildet wird. Es löst sich ebenfalls in Königswasser und in heißer konzentrierter Schwefelsäure. In Salzsäure löst es sich bei Luftzutritt langsam auf unter Bildung von $PdCl4^{2-}$. Der Edelmetallcharakter von Palladium ist dem des benachbarten Silbers vergleichbar: In Salzsäure verhält es sich aufgrund der Bildung von leichtlöslichen Palladiumchloridverbindungen unedel. In feuchter Atmosphäre bei

Anwesenheit von Schwefel wird die Oberfläche von Palladium getrübt.

Palladium besitzt die höchste Absorptionsfähigkeit aller Elemente für Wasserstoff. Diese grundlegende Entdeckung geht auf Thomas Graham im Jahre 1869 zurück. Bei Raumtemperatur kann es das 900-fache, Palladiummohr das 1200-fache und kolloidale Palladiumlösungen das 3000-fache des eigenen Volumens binden. Man kann die Wasserstoffaufnahme als Lösen von Wasserstoff im Metallgitter und als Bildung eines Palladiumhydrids mit der ungefähren Zusammensetzung Pd_2H beschreiben. Bei 30 °C und Normaldruck entspricht das maximale Wasserstoff-Palladium-Verhältnis der Formel $PdH_{0,608}$.

Gewöhnlich nimmt es die Oxidationsstufen +2 und +4 an. Bei Verbindungen der scheinbaren Oxidationsstufe +3 handelt es sich um Pd(II)/Pd(IV)-Mischverbindungen. In neueren Untersuchungen konnte auch sechswertiges Palladium dargestellt werden. Es sind aber auch die Oxidationsstufen 0 [Pd(PR3)4], +1 oder +5 möglich.[9]

Platin

Physikalische Eigenschaften

Platin ist ein korrosionsbeständiges, schmiedbares und weiches Schwermetall.

Auf Grund seiner hohen Haltbarkeit, Anlaufbeständigkeit und Seltenheit eignet sich Platin besonders für die Herstellung hochwertiger Schmuckwaren.

Chemische Eigenschaften

Platin zeigt, wie auch die anderen Metalle der Platingruppe, ein widersprüchliches Verhalten. Einerseits ist es edelmetalltypisch

Abbildung 8: Platin löst sich in Königswasser

chemisch träge, andererseits hochreaktiv, katalytisch-selektiv gegenüber bestimmten Substanzen und Reaktionsbedingungen. Auch bei hohen Temperaturen zeigt Platin ein stabiles Verhalten. Es ist daher für viele industrielle Anwendungen interessant.

In Salz- und in Salpetersäure alleine ist es jeweils unlöslich. In heißem Königswasser, einem Gemisch aus Salz- und Salpetersäure, wird es dagegen unter Bildung von rotbrauner Hexachloroplatin(IV)-säure angegriffen. Platin wird aber auch von Salzsäure bei Anwesenheit von Sauerstoff und von heißer rauchender Salpetersäure stark angegriffen. Auch von Alkali-, Peroxid-, Nitrat-, Sulfid-, Cyanid- und anderen Salzschmelzen wird Platin angegriffen. Viele Metalle bilden mit Platin Legierungen, beispielsweise Eisen, Nickel, Kupfer, Cobalt, Gold, Wolfram, Gallium, Zinn, etc. Besonders hervorzuheben ist, dass Platin zum Teil unter Verbindungsbildung mit heißem Schwefel, Phosphor, Bor, Silicium, Kohlenstoff in jeder Form reagiert, das heißt auch in heißen Flammengasen. Auch viele Oxide reagieren mit Platin, weshalb auch nur bestimmte Werkstoffe als Tiegelmaterial eingesetzt werden können. Beim Schmelzen des Metalls mit beispielsweise einer Propan-Sauerstoff-Flamme muss deshalb mit neutraler bis schwach oxidierender Flamme gearbeitet werden. Beste Möglichkeit ist das flammenfreie elektrisch-induktive Heizen des Schmelzgutes in Zirkonoxidkeramiken.

Zum Recyceln von Platin wird dieses entweder oxidativ in Königswasser, einer Mischung aus Salpeter- und Salzsäure, oder in einer Mischung aus Schwefelsäure und Wasserstoffperoxid aufgelöst. In diesen Lösungen liegt Platin dann in Form von Komplexverbindungen (z. B. im Fall von Königswasser als Hexachloroplatin(IV)-säure) vor und kann daraus durch Reduktion wieder gewonnen werden. Forscher der National Chung Hsiang University (Taiwan) haben ein neuartiges Verfahren entwickelt, bei dem Platin elektrochemisch in einer Mischung aus Zinkchlorid und einer speziellen ionischen Flüssigkeit aufgelöst wird. Unter einer ionischen Flüssigkeit versteht man ein organisches Salz, das bereits bei Temperaturen unterhalb von 100 °C geschmolzen vorliegt und über eine hohe Leitfähigkeit verfügt. Das gebrauchte Platin wird in Form einer Elektrode, die als Anode geschaltet wird, eingesetzt und die umgebende ionische Flüssigkeit auf etwa 100 °C erhitzt. Das

Platin löst sich dabei oxidativ auf. Anschließend lässt sich das gelöste Platin als reines Metall auf einer Trägerelektrode wieder abscheiden.

Katalytische Eigenschaften

Sowohl Wasserstoff, Sauerstoff als auch andere Gase werden von Platin im aktivierten Zustand gebunden. Es besitzt daher bemerkenswerte katalytische Eigenschaften; Wasserstoff und Sauerstoff reagieren in seiner Anwesenheit explosiv miteinander zu Wasser. Weiterhin ist es die katalytische aktive Spezies beim katalytischen Reforming. Allerdings werden Platinkatalysatoren schnell durch Alterung und Verunreinigungen inaktiv (vergiftet) und müssen regeneriert werden. Poröses Platin, das eine besonders große Oberfläche aufweist, wird auch als Platinschwamm bezeichnet. Durch die große Oberfläche ergeben sich bessere katalytische Eigenschaften.[10]

Rhodium

Rhodium ist ein chemisches Element mit dem Elementsymbol Rh und der Ordnungszahl 45. Es ist ein silberweißes, hartes, unreaktives Übergangsmetall. Im Periodensystem zählt es zusammen mit Cobalt, Iridium und Meitnerium zur 9. Gruppe oder Cobaltgruppe. Rhodium besitzt große Ähnlichkeit zu anderen Platinmetallen wie Platin oder Palladium. Dies betrifft beispielsweise die für Edelmetalle charakteristische geringe Reaktivität und eine hohe katalytische Aktivität.

Rhodium wird daher, oft in Form von Legierungen, vorwiegend als Katalysator eingesetzt. Als wichtiger Bestandteil von Fahrzeugkatalysatoren wird es zur Reduktion von Stickoxiden eingesetzt. Auch in industriellen Prozessen zur Herstellung einiger chemischen Grundstoffe, wie dem Ostwald-Verfahren zur Salpetersäure-Produktion, werden Rhodiumkatalysatoren genutzt. Da das Metall in der Natur sehr selten vorkommt und gleichzeitig eine breite Anwendung findet, zählt es zu den teuersten Metallen überhaupt.

Im menschlichen Körper kommt Rhodium normalerweise nicht vor, eine biologische Bedeutung ist nicht bekannt.

Vorkommen

Rhodium ist nach Rhenium zusammen mit Ruthenium und Iridium eines der seltensten nicht radioaktiven Metalle in der kontinentalen Erdkruste. Sein Anteil beträgt nur 1 ppb. Rhodium kommt in der Natur gediegen vor und ist daher als eigenständiges Mineral anerkannt. Fundorte sind unter anderem die Typlokalität Stillwater in Montana und Goodnews Bay in Alaska. Rhodium ist unter anderem mit anderen Platinmetallen und Gold vergesellschaftet.

Gewinnung und Darstellung

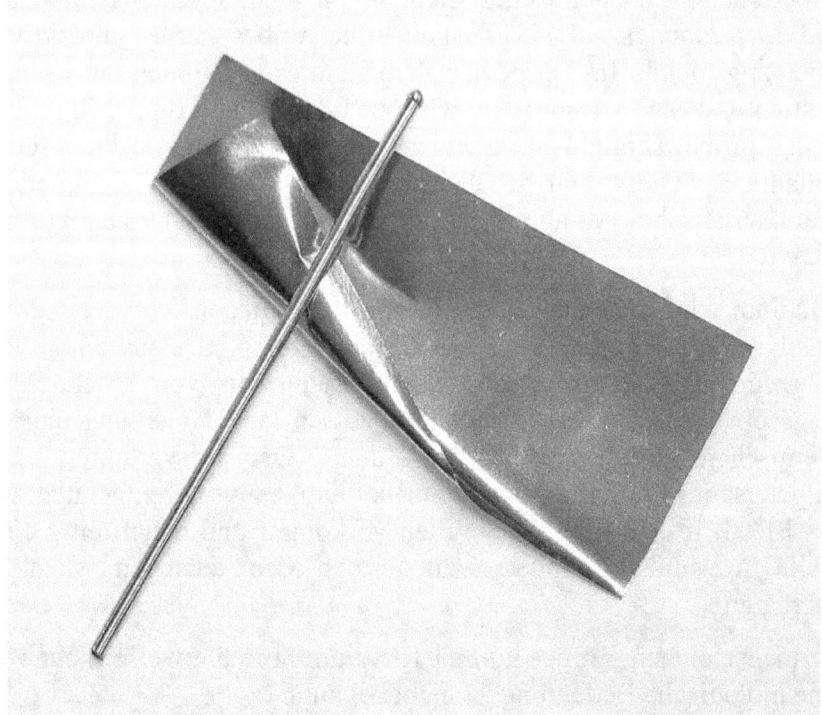

Abbildung 9: Rhodiumfolie und -draht

Die Gewinnung von Rhodium ist wie die der anderen Platinmetalle sehr aufwändig. Dies liegt vor allem an der Ähnlichkeit und geringen Reaktivität der Platinmetalle, wodurch sie sich schwer trennen lassen. Ausgangsstoff für die Gewinnung von Rhodium ist Anodenschlamm, der bei der Kupfer- und Nickelproduktion als Nebenprodukt bei der Elektrolyse anfällt. Dieser wird zunächst in Königswasser gelöst. Dabei gehen Gold, Platin und Palladium in Lösung, während Ruthenium, Osmium, Rhodium und Iridium sowie Silber als Silberchlorid ungelöst zurückbleiben. Das Silberchlorid wird durch Erhitzen mit Bleicarbonat und Salpetersäure in lösliches Silbernitrat umgewandelt und so abgetrennt.

Abbildung 10: Rh-Verarbeitung: 1 g Pulver, 1 g verpresst, 1 g Regulus

Um das Rhodium von den anderen Elementen abzutrennen, wird der Rückstand mit Natriumhydrogensulfat geschmolzen. Dabei bildet sich wasserlösliches Rhodiumsulfat Rh2(SO4)3, das mit Wasser ausgelaugt werden kann. Das gelöste Rhodium wird zunächst mit Natriumhydroxid als Rhodiumhydroxid Rh(OH)3 gefällt. Die folgenden Reaktionsschritte sind das Lösen in Salzsäure als H3[RHCl6] und die Fällung mit Natriumnitrit und Ammoniumchlorid als (NH4)3[Rh(NO2)6]. Um elementares Rhodium zu erhalten, wird aus dem Rückstand durch Digerieren mit Salzsäure der lösliche (NH4)3[RHCl6]-Komplex gebildet. Nachdem das Wasser durch Verdampfen entfernt wurde, kann das Rhodium mithilfe von Wasserstoff zum Metallpulver reduziert werden.

$$2 \ (NH_4)_3[RhCl_6] + 3 \ H_2 \longrightarrow$$
$$2 \ Rh + 6 \ NH_4^+ + 6 \ Cl^- + 6 \ HCl$$

Reaktion von Ammoniumhexachlororhodat mit Wasserstoff zu Rhodium[11]

Zusammenfassung

Die drei hier besprochenen Metalle weisen allesamt sehr unterschiedliche Löslichkeiten und Verhalten bei chemischen Verbindungen auf, aber auch Gemeinsamkeiten. Im weiteren Verlauf werden wir davon ausgehen, dass es im kleinen Rahmen möglich ist, Palladium und Platin aus den Katalysatoren zu gewinnen und zu isolieren.

Rhodium stellt eine große Herausforderung für sich dar. Hinzu kommt, dass es zumeist nur in Mengen deutlich unter einem Gramm in einem Katalysator anzutreffen ist. Seine Gewinnung ist für den kleinen Betrieb daher meist unwirtschaftlich. Es wird vorgeschlagen, nach der Abspaltung von Pd und Pt, die Reste zu sammeln und bei entsprechender Menge einer Scheideanstalt zu übergeben. Selbst diese tun sich mit der Rhodiumgewinnung schwer, die Durchlaufzeiten sind lang, jedoch die Preise für das seltene Material sehr hoch.

Wenn wir nun eine Kaskade zum Abtrennen der beiden P-Fraktionen aufbauen wollen, so wird man schnell erkennen, das sich Palladium und Platin hinsichtlich ihrer Löslichkeit in den von uns bevorzugten Prozessen (HCl/Cl_2, HAP oder Königswasser) sehr ähnlich verhalten. Auch wird es nicht zu verhindern sein, dass sich in diesem Rahmen auch Rhodium löst und unerkannt mit gefällt wird. Die Farbe des Palladiumchlorids ähnelt darüber hinaus auch noch der des Platinchlorids (Orange), so dass selbst hier Fehlinterpretationen möglich sind.

Die von der Industrie durchgeführte „Brute Force" Methode, der Schmelzung unter Hinzugabe eines Sammlermetalls wie Kupferpulver scheint daher ideal, jedoch dürften die meisten Refiner alleine schon an den hohen zu erreichenden Temperaturen und den Energiekosten scheitern. Schwierig sind auch Katalysatoren, die metallische Trägerstrukturen verwenden. Hierbei handelt es sich um Edelstahl. Die Empfehlung ist es daher, sich auf die rein keramischen Blöcke oder Pellets zu konzentrieren und die metallischen ggf. weiter zu verkaufen oder im Auftrag scheiden zu lassen.

Prozess „Leaching"

Der heute bei Kleinstrefinern übliche Prozess zur Gewinnung der Edelmetalle ist das „Leaching". Man könnte es sinngemäß mit dem Ablaugen eines Objekts übersetzen, wobei es sich bei der Lösungschemikalie um Säuren und nicht um Laugen handelt.

Die eigentliche „Arbeit" jedoch leisten die Chlorine die bei den verschiedenen Verfahren freigesetzt werden und bei Kontakt mit dem Edelmetall dieses in Lösung bringen. Die Chlorine stammen überwiegend aus der verwendeten Salzsäure (HA oder HAP oder Königswasser) oder aus dem CL_2 beim HCl/CL_2 Prozess.

Alle Verfahren haben ihre speziellen Vor- oder Nachteile, sie sind nachfolgend aufgelistet.

Das Grundprinzip ist bei allen jedoch dasselbe: Die Edelmetalle werden mittels Chlorverbindungen aus ihrer Position als Beschichtung des Keramikkörpers „entrissen".

Die nachfolgende Fällung ist recht trivial (bis auf einige Ausnahmen).

Leaching dauert lange und muss mehrmals durchgeführt werden. Hierbei muss immer wieder eine neue Lösung angesetzt werden. Die bisher verwendete erneut zu nehmen, könnte ineffektiv sein, da die Lösung z.B. bereits gesättigt ist oder ein Teil der bereits gelösten Metalle wieder zurück zementiert.

Leaching bedeutet also das vollständige Eintauchen des Monolithen in eine chemische Lösung, tagelanges Abwarten, Abgießen der Lösung und erneutes Befüllen mit Säure. Welche Säure/Lösungsmittel man hierbei verwendet ist eine Frage von Kosten, Verfügbarkeit und eigenen Präferenzen. Gängig ist die Verwendung von HCl + Cl.

Eine Zerkleinerung des Keramikmaterials vor Beginn ist scheinbar immer von Vorteil. Dies ist hier jedoch nicht der Fall.. Schließlich ist die gesamte beschichte Oberfläche des Katalysators bereits exponiert. Zermahlt man den Keramikkörper zunächst, vergrößert man nur die benetzte Oberfläche der Keramik nicht die des Metalls! Eine Zerkleinerung des Keramikkörpers ist also beim Leaching kontraproduktiv!

Anders sieht das beim industriellen Umicore Schmelzprozess aus: Hier wirkt sich das vorherige Mahlen positiv aus, da das Sammlermetall die beschichteten Flächen in den feinen Kanälen des Kats sonst nicht vollständig erreichen und somit benetzen kann.

Will man die Prozessdauer verkürzen oder effizienter gestalten, ist es wichtiger eine Agitation der Lösung zu erreichen. Der Katalysator ist ja für den Durchfluss geeignet bzw. sogar konstruiert. Also ist eine ständige Spülung der Waben eine große Unterstützung für den Auflöseprozess.

Energiezufuhr hilft – wie in allen Auflöseprozessen – dabei die Reaktion schneller ablaufen zu lassen.

Und auch hier ist der Faktor Zeit wieder hilfreich. Hast und Eile können nur mit starken Chemikalien und den daraus resultierenden Kosten und Abfällen erkauft werden. Stattdessen sollte man der Reaktion genügend Zeit und sie somit für sich arbeiten lassen.

Lösungs Kaskade

Die nachfolgende Tabelle zeigt kaskadenartig, wie man bestimmte Metalle mit minimalen chemischen Reagenzien auflöst.

Die Verwendung der Abkürzungen soll gewisse Prozeduren standardisieren und somit vereinfachen. Spricht man von „AP" weiß eigentlich jeder Refiner, was er sich hierunter vorstellen muss (eine Säure plus einen Oxidator).

Prozess	Bedeutung	Löst
A (HCl)	Acid	Unedle Metalle, Ag fällt als AgCl aus
HA	Hot Acid	Unedle Metalle, Ag fällt als AgCl aus. Pd
AP	Acid+Peroxid	Unedle Metalle, Ag fällt als AgCl aus
HAP	Hot Acid+Peroxid	Au,Pd,Ag fällt als AgCl aus
HCl+CL	HCl plus Chlorine	Au,Pd,Pt, Ag fällt als AgCl aus
OA (HNO$_3$)	Oxidizing Acid	Pd, Ag → Silbernitrat
OAP	Oxidizing Acid+Peroxid	Pd, Au, Ag → Silbernitrat
HOA	Hot Oxidizing Acid	Pd,Pt langsam, Ag → Silbernitrat
AR	Aqua Regia	Ag,Pd,Pt auch massiv, RH langsam, nur fein verteilt. Ag fällt als AgCl aus
HAR	Hot Aqua Regia	Ag,Pd,Pt, RH langsam, nur fein verteilt, Ag fällt als AgCl aus

Legende:

Acid=Säure
Unter einfacher Acid fallen z.B. Mineralsäuren wie die Salzsäure
(HCl) oder die Schwefelsäure (H_2SO_4).

Acid + Peroxid = Einfache Mineralsäure z.B. Salzsäure (HCl) plus
ein Oxidator wie z.B. Wasserstoffperoxid (H_2O_2)

Oxidizing Acids= Oxidierende Säuren, i.d.R. Salpetersäure (HNO_3)

Hot Acid= Heiße Säure, 50°C- max. 80°C

Hot Oxidizing Acid= Heiße oxidierende Säure (i.d.R. Salpetersäure)

AR = Aqua Regia = Königswasser. Mischung aus Salzsäure (HCl)
und Salpetersäure (HNO_3)

Beim Recycling stellt sich das Problem, dass in den seltensten
Fällen, die genaue Zusammensetzung des zu verarbeitenden
Materials bekannt ist. Somit muss eine Lösung hinreichend gut für
eine ganze Bandbreite von Aufgaben geeignet sein. Ähnlich wie ein
Putzmittel nicht nur eine Sorte Flecken entfernen können sollte.

Exakte Festlegungen, Mol Berechnungen usw. sind eher Sache der
Wissenschaft, oder der Produktion. In unserem Fall müssen die
Verfahren eine breite Palette von möglichen Aufgaben bewältigen
können. Daher werden die angewandten Prozesse so weit wie
möglich vereinfacht, standardisiert und kleinere Einschränkungen in
Kauf genommen.

Wichtig ist es aus Kosten und Umweltgründen, immer mit der am
geringsten belastenden Methode zu arbeiten (keine Kanonen auf
Spatzen – d.h. kein Königswasser um Palladium zu lösen, wo es
schon mit heißer Salzsäure geht)

- Die ungeliebten – da gesundheitsschädlichen - NOx Gase
  sollten wo immer möglich vermieden werden.

- Material muss a priori immer von allen unedlen Metallen und Störstoffen befreit werden. Zu Not manuell.

- Sollte es rein mechanische Bearbeitungsschritte geben, die den Verbrauch von Säuren etc. reduzieren (z.B. durch Zermahlen, Abkratzen/Schaben, Abstrahlen usw.) , so sollten diese immer genau geprüft werden, auch wenn sie zeitlich aufwändiger zu sein scheinen.

Was den Umweltschutz angeht, kommt hier die Rechnung immer ganz zum Schluss Wer sich den Einsatz von Problemchemikalien erspart, spart sich dann eine teure Nachzahlung!

Vorarbeiten

Bevor die eigentliche Extraktion der Edelmetalle beginnen kann, muss das Gehäuse des Katalysators zunächst geöffnet und die Wabenstruktur entnommen werden. Idealerweise verwendet man hierzu Werkzeuge, die keinen Staub oder Bruch verursachen. Industriell werden die Katalysatoren mit einer Art überdimensionalen Schere durchgeschnitten (Shearing). Da solche Geräte teuer und nicht überall verfügbar sind, gilt es Alternativen zu finden.

Das Aufsägen der Gehäuse ist so eine Alternative. Aufgrund der Härte und der Widerstandsfähigkeit des Materials greift man hierbei auf sogenannte Trennscheiben zurück. Dabei schafft man sich vor und hinter der Zelle einen Zugang, so dass man sie, nach einem dritten Schnitt zum Einbringen einer Art Klappe, aus dem Gehäuse herausnehmen kann. Dieser Vorgang wird viel Staub verursachen. Es werden dabei nicht nur wertvolle Edelmetalle verloren gehen, hierbei können auch toxische feine Partikel freigesetzt werden, die sich im Auspuffsystem abgelagert haben. Daher ist das Tragen eine kompletten Gesichtsmaske mit Atemschutz ebenso wie Handschuhe Pflicht bei dieser Tätigkeit!

Weiterhin sollte dafür Sorge getragen werden, dass Rückstände, die durch durch das Auftrennen entstehen, mittels einer Absaugung gesammelt werden. Ein möglicher Weg Staubflug zu verhindern ist das Befeuchten des Katalysators mit Wasser oder sogar das Sägen unter Wasser. Die Katalysatoren in diesem Buch haben Markierungen in roter Farbe, die die Lage der Wabenkörper angeben. Hat man einen unbekannten Katalysator vor sich, so misst man durch ein Lineal, dass in ein Rohrende gesteckt wird, den Abstand und zeichnet sich dann die Sägelinie an, um die Waben nicht zu zersägen.

Der Stannous Chloride Test

Ein wichtiges Testwerkzeug wird auch in diesem Buch wieder der Stannous Chlorid Test sein.

Das Rezept für die Stannous Chlorid Lösung lautet:

1. 3 g Zinnpulver (reines Zinn!) in ein kleines Fläschchen geben
2. (z.B. eines für Augentropfen).
3. 30ml ca. 30%ige Salzsäure hinzufügen.
4. Zum Aufkochen bringen, um den Prozess zu beschleunigen. Abkühlen lassen.

Nach etwa 30 Minuten ist die Lösung einsatzbereit. Zum Test taucht man zunächst ein Wattestäbchen in die Lösung ein, dann benetzt mit es der Stannous Lösung aus dem Fläschchen. Nach wenigen Sekunden sollte sich die Färbung zeigen. Ist viel Gold enthalten, färbt sich das Wattestäbchen schnell und heftig und dunkelviolett. Ist wenig Gold in der Lösung enthalten, färbt sich das Wattestäbchen langsam und nur leicht lila.

Bei Palladium färbt sich das Wattestäbchen grün, bei hoher Konzentration sogar mehrfarbig, mit Gelb, Blau und Grüntönen.

Im Fall von Platin ist die Färbung orange bis tiefes Braun je nach Konzentration. Stellt man fest, dass Edelmetalle in Lösung gegangen sind, muss man dies natürlich auf dem Behälter notieren, man hebt ihn auf um später hieraus die wertvollen Metalle zurück zu gewinnen. Dies kann man auch in einer Scheideanstalt durchführen lassen.

Nachfolgend ein Beispiel für die Farben der einzelnen Edelmetalle Gold, Palladium und Platin:

Gold	Platin	Palladium

Da der Stannous Chloride Test nicht die Metalle direkt, sondern nur deren Chloride oder Nitrite nachweist, funktioniert der Test nicht an festen, elementaren Edelmetallen.

Bei gelöstem Gold, ergibt sich je nach Konzentration eine violette bis violett-schwarze Färbung. Hat man gelöstes Palladium in der Flüssigkeit, verfärbt sich der Testwattestab zunächst gelb, dann orange und wird dann im Zentrum grün, wie hier am Wattestäbchen und dem Papiertuch gezeigt. Der Stannous Chloride Test ist sehr zuverlässig, kann jedoch auch falsch positiv oder negativ anzeigen. Es gelten folgende Faustformeln:

Enthält die gefilterte Lösung ein Edelmetall, sollte sie keine Farbe auf dem Wattestäbchen hinterlassen, sondern erst, wenn sie mit der Testflüssigkeit benetzt wurde. Hierzu muss die Flüssigkeit jedoch zuvor sauber abgefiltert werden, da sonst das Edelmetall auf ein Trägermetall zementiert und nicht mehr nachweisbar ist. Wenn man sicher ist, dass die Lösung das Edelmetall enthalten muss, empfiehlt es sich Kupfer hinzuzufügen und die Lösung durch Prüfung des PH Werts und ggf. Hinzufügen von Säure zu aktivieren.

Die Fällung kann nur erfolgen, wenn die Lösung sauer ist, der PH Wert also niedriger als 6,8 liegt.

Ein Beispielvideo zur Darstellung verschiedener Testergebnisse findet sich unter:
http://youtu.be/CGBrsfn0ouM

Wie funktioniert Stannous Chloride?

Im Prinzip ist der Stannous Chloride Test eine Fällungsreaktion. Stannous Chloride wird ja chemisch durch die Lösung von reinem Zinn in heißer Salzsäure hergestellt. Seine chemische Bezeichnung ist daher Zinn(II)Chlorid Kommt es mit der sauren zu testenden Lösung in Verbindung und enthält diese Edelmetalle wird – wie wir von der elektrochemischen Spannungsreihe her wissen – jegliches Metall oberhalb von Zinn abgeschieden.

Im Falle des Goldes entsteht aus der Gold(III)Chloridlösung plus Zinn(II)Chlorid, kolloidales, also sehr fein verteiltes Gold, das auf eher schwarzen Zinndioxid zementiert. Dieses kolloidale Gold hat eine rote Farbe, die zusammen mit dem schwarzen Zinndioxid die

Summenfarbe Purpur ergibt. Je mehr Gold in der Lösung konzentriert ist, desto dunkler wird das Reaktionsergebnis.

Alternative DMG

Alternativ zum Stannous Chloride Test gibt es noch den DMG Test. Bei DMG handelt es sich um den Stoff Diacetyldioxim Dimethylglyoxim, auch Diacetyldioxim (DADO) oder auch Chugaev's Reagent genannt.

Es können folgende Metalle anhand der Farbumschläge nach Zugabe von DMG identifiziert werden:

• Nickel: himbeerrot
• Kupfer: braunrot
• Eisen(II): rot
• Cobalt: braunrot
• Bismut: intensiv gelb
• Blei: weiß (voluminös, fein verteilt)
• Palladium: neongelb-gelblich

Infolink http://de.wikipedia.org/wiki/Diacetyldioxim

Die Handhabung des Tests gilt allerdings als schwierig. Das Pulver muss zunächst in Ethanol oder Alkohol gelöst werden, was nicht immer klappt. Zumindest in kaltem Wasser löst es sich praktisch nicht. Es ist ungiftig und ungefährlich und kann auch als Fällungsmittel verwendet werden. Die Erfahrungen hierzu sind aber im Augenblick noch gering und nicht praktisch, daher bleiben wir bislang beim Stannous Chloride als Standard Test. DMG gilt auch als selektives Palladium Fällungsmittel. Es wird scheinbar in Russland, wo Palladium als Nebenprodukt von Nickel anfällt, häufig genutzt. Ein kleiner Test bestätigte auch die Funktion. Allerdings musste über Nacht abgewartet werden. Auch wäre es etwas teuer in der Anwendung. Ein kleines Fläschchen reicht für bis zu 200 Tests. Es kostet wenig und geht bei dem niedrigen Betrag ohne Formalitäten direkt nach Hause.

Testen auf Palladium

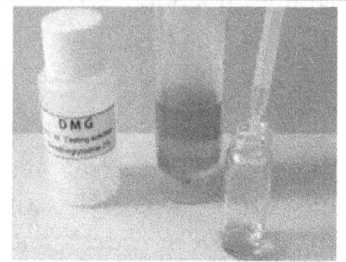	Ein wenig der zu testenden Lösung (Mitte) entnehmen und in ein weiteres Testbehältnis füllen (rechts).
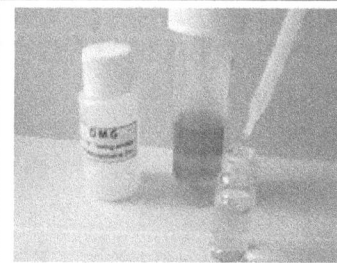	Anschließend 2:1 mit Wasser verdünnen.
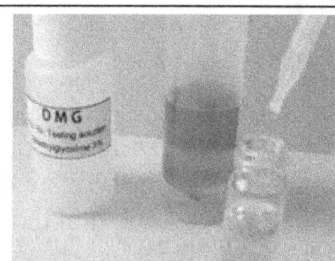	4-5 Tropfen DMG Lösung hinzufügen.
	Beim Vorhandensein von Palladium verfärbt sich die Testflüssigkeit neongelb und es bildet sich ein gleich gefärbter Niederschlag.

Lösen der Edelmetalle

Einige Kapitel zuvor wurde das „Leaching" als bevorzugter Prozess für die nichtindustrielle Rückgewinnung der Edelmetalle aus Katalysatoren beschrieben. Anhand der Lösungskaskade konnten wir erkennen, dass eine Vielzahl von chemischen Prozessen hierfür in Frage kommt.

HCl+Cl Methode

Bewährt haben hat sich HCl+Cl, das auch in der Industrie nach der Schmelze zu einem Vorkonzentrat eingesetzt wird. Die Wirkungsweise besteht darin, dass durch die Gabe des CL_2 in die Salzsäure (HCl), Chlorine freigesetzt werden die gegenüber dem Edelmetall sehr aggressiv auftreten und es zu einem Salz, Chlorid umwandeln. Diese wiederum ist in der Salzsäure löslich und so entschwebt es der Beschichtung des Katalysators. Man erhält dieses CL z.B. aus Reinigungsmitteln wie Clorox oder auch Clorex oder Clorix genannt. Wichtig ist, dass das Mittel keine metallischen Zusatzstoffe enthält. Auch Parfüms etc. sind ungünstig für die Wirksamkeit. Alternativ gibt es auch Chortabletten für die Chlorierung von Swimmingpools.

Abbildung 11: Beliebtes Haushaltsmittel für Chlorine

Man muss allerdings immer langsam dosieren, da bei der Reaktion auch Chlor entweicht. Gibt man zu viel hinzu, kann es in der kurzen Zeit nicht vollständig reagieren und ein Großteil geht über die Dämpfe ab. **Es versteht sich von selbst, dass all diese Reaktionen nur und ausschließlich mit einer gut funktionierenden Luftabzugshaube oder im Freien durchgeführt werden dürfen.**

Chlorgase wirken äußerst schnell und schädlich auf Atemorgane und andere Bereiche, so dass hier kein Kompromiss gemacht werden darf. Trotzdem ist die HCl+Cl Methode mittlerweile die beliebteste, da sie im Vergleich zum Königswasser ungiftiger und unproblematischer ist. Sie erzeugt keine NOx Gase, muss im Anschluss nicht aufwendig von den Nitriten befreit werden und lässt sich in kleinen Schritten sehr gut dosieren.

Chlorex Putzmittel sind auch, im Gegensatz zur Salpetersäure, in allen Regionen der Welt ohne Formalitäten billig verfügbar (1l Chlorex ca. 3€ vs. 1l Salpetersäure bis zu ca. 10€). Für Salpetersäure muss in aller Regel zumindest in Deutschland ein Erfassungsbogen ausgefüllt werden, der Menge und Verwendung erfragt. Auch der Verbleib der Abfälle ist bei der Verwendung von Salpetersäure aufwändig. Die Lösungen können nicht weiter verwendet und auch nicht einfach über den Hausmüll entsorgt werden. Chloridlösungen können in zwei Schritten zu Salzlösungen plus elementare Metalle reduziert werden. Nach der Verwendung von Salpetersäure wie im Königswasser, muss die Lösung durch deNOxing von überschüssigen bindungswilligen NO Gasen durch schrittweise Zugabe von HCl befreit werden. Bei der HCl+Cl Methode wird die Lösung einfach ein paar Minuten erhitzt und die freien Chlorionen, die später eine komplette Fällung unmöglich machen würden, gehen als Dampf ab. Während es beim Königswasser also genaue Beobachtung beim schrittweisen Hinzufügen erfordert, kann man bei der HCl+Cl Methode einfach das Ganze in die Sonne stellen und warten. Das ist dann analog zum DeNOxing das DeChloring.

Bilden sich Metallsalze an Gläsern und Gegenständen, sind Nitrite – also Salze der Salpetersäure wie z.B. Kupfernitrit – immer giftiger als vergleichbare Chloride, also die Salze der Salzsäure wie sie bei HCl+Cl höchstens entstehen können.

Ein gut ausgerüsteter Betrieb kann diese Fragen meistern, ein kleiner in aller Regel nicht. Daher empfiehlt es sich immer, da´am geringsten belastende Verfahren zu wählen auch wenn es unter Umständen mehr Zeit braucht.

HCl+Cl ist ausreichend stark für Palladium und Platin. Rhodium vermag es nicht vollständig zu lösen. Ein Teil des Rhodium oxidiert im Laufe des Betriebslebens des Katalysators und kann dann mittels

HCl+Cl von der Beschichtung abgelöst werden. Rhodium ist ohnehin immer nur in vergleichsweise geringen Mengen von 0,5g bis maximal 1g anzutreffen. Da es sehr schwierig zu lösen und weiter zu bearbeiten ist, lohnt der Aufwand für die gezielte Suche nach Rhodium im kleinen Maßstab nicht. Die verbleibenden Feststoffe sollten also als Rhodiumschrott wieder eingelagert und später verkauft werden. Die Gewinnung von Rhodium wird im kleinen Maßstab nicht gelingen. Bestenfalls kann man bei entsprechenden Mengen, die Reste zur Scheideanstalt geben.

HCl+Cl erzeugt zwar keine NOx Gase, ist aber trotzdem nicht ungefährlich. Ein Teil des Chlors, dass bei der Mischung mit der Salzsäure entsteht, steigt auf und wird als Gas austreten. Es ist also für sehr gute Abluft zu sorgen. Das Gas blockiert unmittelbar die Atmung und kann Schleimhäute, Augen und Luftorgane durch das Einatmen verätzen. Die starke Chlorbildung lässt zum Glück nach kurzer Zeit nach, zumindest was den Austritt als Gas betrifft, in der Lösung selbst arbeitet sie noch lange Zeit weiter, so dass man von einer Dauer von bis zu einer Woche ausgehen kann, die das Material in HCl+Cl eingelegt bleibt, bis sie maximal gesättigt oder erschöpft ist.

Die ungefähre Ausbeute pro Durchgang beträgt laut eines erfahrenen Praktikers aus den USA

- 0.5-1.6g Pt
- 0.3-1g Pd
- <0.3g Rh

pro Durchgang. Hierbei geht man von festen Mengen für die Säure und das Chlorine aus (für das üblicherweise das Putzmittel Chlorex/Chlorox/Dan Chlorix benutzt wird).

Alle 2-3 Tage gibt man entweder Cl oder etwas H_2O_2 hinzu und betrachtet die Reaktion. Gibt es kein Aufschäumen mehr nach der Gabe, ist die Reaktion abgeschlossen und die Lösung wird mitsamt der Schwebestoffe entnommen und gefiltert.

Im Filter bleibt das schwer lösliche Rhodium zurück, während in der

Flüssigkeit Palladium- und Platinchlorid gelöst sind und diese eine tieforange Farbe aufweisen sollte.

Letztlich gibt ein Stannous Chloride Test Auskunft über die tatsächlichen Inhaltsstoffe, sowie deren Konzentration. Im Falle von Palladium färbt sich der SC Test schnell tief Orange, während es bei Palladium zu einer verzögerten mehrfarbigen Reaktion kommt: Zunächst Gelb/Orange das dann innerhalb von ca. 30 Sekunden in ein – je nach Konzentration - mehr oder weniger dunkles Grün umschlägt.

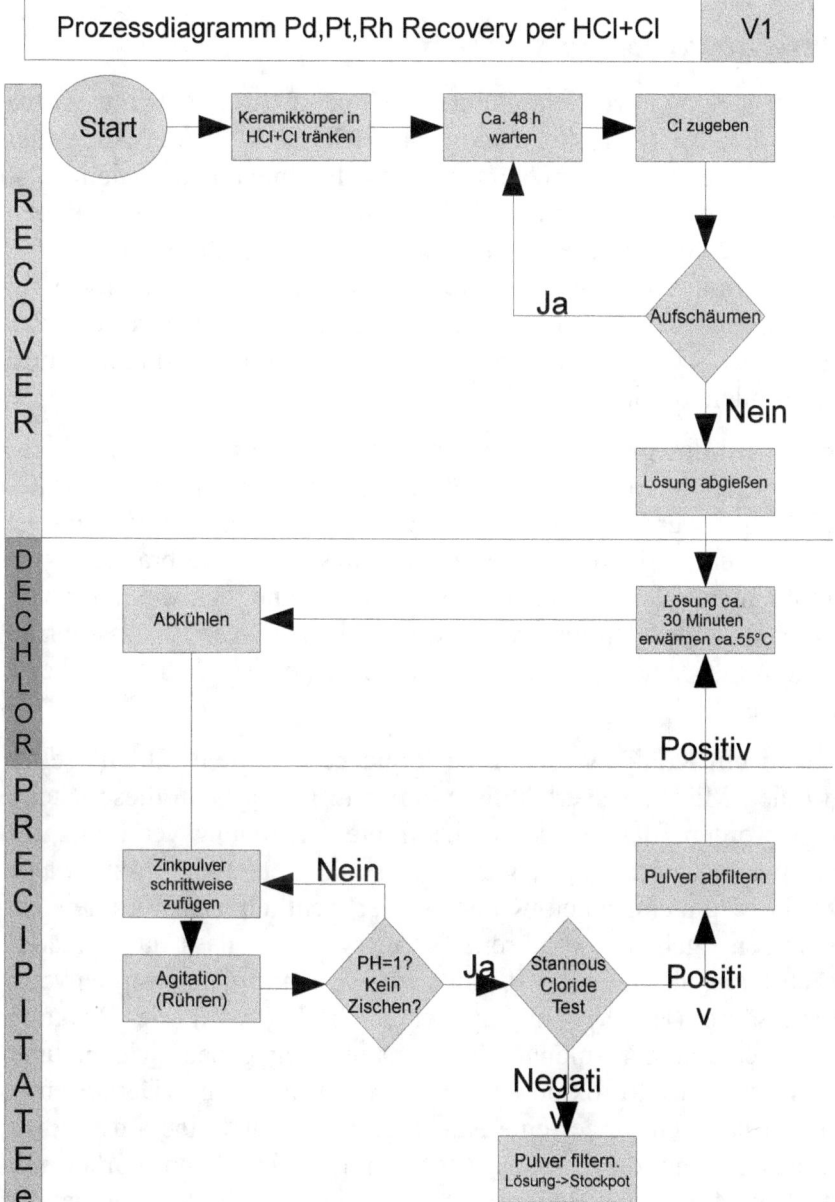

Prozessdiagramm Pd,Pt,Rh Recovery per HCl+Cl — V1

RECOVER

- Start
- Keramikkörper in HCl+Cl tränken
- Ca. 48 h warten
- Cl zugeben
- Aufschäumen → **Ja** (zurück zu "Ca. 48 h warten") / **Nein**
- Lösung abgießen

DECHLOR

- Lösung ca. 30 Minuten erwärmen ca.55°C
- Abkühlen

Positiv

PRECIPITATEe

- Zinkpulver schrittweise zufügen
- Agitation (Rühren)
- PH=1? Kein Zischen? → **Nein** / **Ja**
- Stannous Cloride Test → **Positiv** / **Negativ**
- Pulver abfiltern
- Pulver filtern. Lösung->Stockpot

HCl+Cl Methode   143

Dilute Aqua Regia Methode

Die Verwendung von verdünntem Königswasser (=Dilute Aqua Regia oder DAR) erfolgt analog zur HCl+Cl Methode. Auch hier muss in mehreren Durchgängen das Edelmetall aus dem Kat ausgelaugt werden. Unterschiede bestehen jedoch im weiteren Vorgehen. Die entstehende Lösung samt ausgefällter Salze und Metalle muss von den noch freien Nitriten der Salpetersäure im Anschluss wieder befreit und das Palladiumnitrat ebenso wie das Platinnitrat in Palladiumchlorid, respektive Platinchlorid umgewandelt werden.

Hierzu wird das Ergebnis unter Zugabe von etwas Salzsäure erhitzt, bis die Flüssigkeit ungefähr auf die Hälfte bis zu einem Drittel eingedampft wurde. Sie wird dann zäh und dunkler. Der Vorgang ist beendet, wenn bei Zugabe von etwas Salzsäure keine braunen NOx Dämpfe mehr als Zeichen der Freisetzung und Umwandlung von Nitraten zu Chloriden festgestellt werden kann. Diese Prozessschritte erfordern also eine Überwachung und eine gewisse Erfahrung beim Anwender.

Wenn es um Königswasser/Aqua Regia geht werden oftmals selbst von Laien Mischungsverhältnisse genannt. Es muss an dieser Stelle gesagt werden, dass es kein bestimmtes Mischungsverhältnis für Königswasser gibt. Es ist sogar so, dass man heute vom Premix, also dem fertig angemischten Königswasser deutlich abgekommen ist. Stattdessen geht der erfahrene Refiner so vor, dass das Material zunächst in Salzsäure (HCl) eingelegt wird und dann tropfenweise Salpetersäure (HNO_3) zugefügt wird. Hierbei wird die Reaktion beobachtet und nur solange Salpetersäure zugegeben, wie brauner Rauch (= Stickstoffoxide = NOx Gase) aufsteigt. Der Premix erfordert nämlich immer eine Nachregulierung und eine aufwändige Nachbehandlung der Lösung (deNOxing). Man kann vorher mit einfachen Mitteln den Bedarf an Nitriten zur Lösung der Edelmetalle einfach nicht abschätzen. „Viel hilft viel" führt dann dazu, dass zwar alle Edelmetalle gelöst wurden, sich aber zu viele Nitrite in dem Königswasser befinden, um die Metalle fällen zu können.

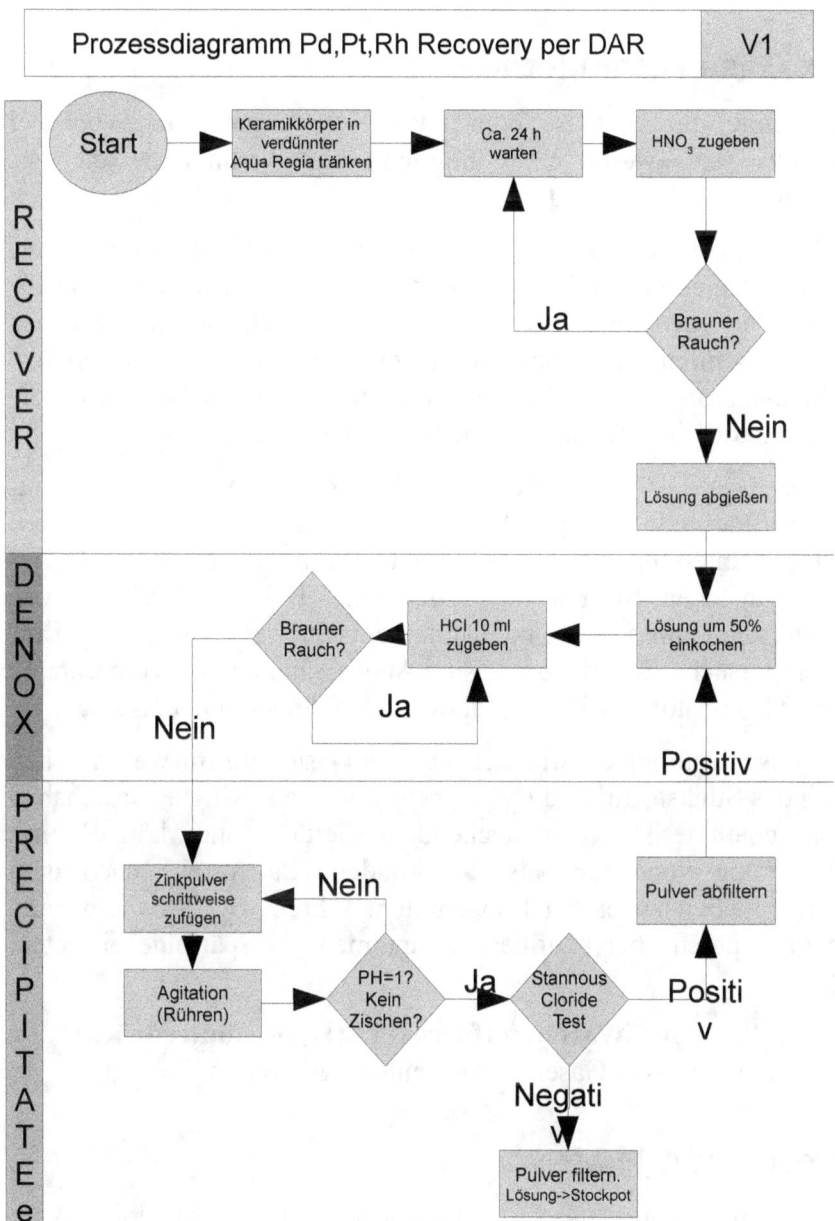

NOx Gase verhindern

Sogenannte nitrose Gase oder auch NOx genannt sind bei der Reaktion so weit wie möglich zu verhindern da sie gesundheitsschädlich sind.

Stickoxide, nitrose Gase oder **Stickstoffoxide** sind Sammelbezeichnungen für die gasförmigen Oxide des Stickstoffs. Sie werden auch mit NOx abgekürzt, da es auf Grund der vielen Oxidationsstufen des Stickstoffs mehrere Stickstoff-Sauerstoff-Verbindungen gibt. Manchmal wird die Abkürzung NOx auch für die so genannten nitrosen Gase (siehe unten) verwendet.

Nitrose Gase ist die Trivialbezeichnung für das Gemisch aus Stickstoffmonoxid (NO) und Stickstoffdioxid (NO2). Nitrose Gase entstehen unter anderem bei der Reaktion von Salpetersäure (HNO3) mit organischen Stoffen oder Metallen. (Bei der Reaktion von Salpetersäure mit Silber und Kupfer entsteht sehr viel NOx). Eine weitere Ursache für Stickoxide sind Abgase, die bei der Verbrennung fossiler Brennstoffe, wie beispielsweise Kohle oder Öl, entstehen.

Die typisch rotbraune Farbe der nitrosen Gase wird im Wesentlichen durch das Stickstoffdioxid (NO2) hervorgerufen. Nitrose Gase haben einen charakteristischen stechenden Geruch und können mit Verzögerung von mehr als 24 Stunden (Latenzzeit) nach dem Einatmen noch zu einem Lungenödem führen. Bei Männern kann zudem Impotenz bei häufigerem Einatmen als Spätfolge eintreten. [12]

Die **Gabe von Wasserstoffperoxid (H_2O_2) unterdrückt die** Erzeugung von NOx Gasen und ebschleunigt die Reaktion!

Alternative HAP

Unter HAP verstehen wir heiße AP. Die Komplexität der Reaktion ist im Vergleich zu HCl+Cl nochmals reduziert, ebenso die Schädlichkeit der beteiligten Reaktionspartner, sowie die Menge und Gefährlichkeit der Rückstände.

Beim HAP Verfahren wird ein Teil Salzsäure/HCl auf einen Teil Wasserstoffperoxid/H2O2 mit einer Konzentration von mindestens 12% gegeben.

Das Gemisch wird dann mitsamt des Materials auf rund 50°C erhitzt, wobei es zu einem starken Aufsprudeln der Reaktion kommt. Auch hier sollte man also genügend Platz im Gefäß lassen und eine Auffangwanne unter ihm positionieren.

Im Augenblick des Aufsprudelns ist die Lösung am stärksten und greift zumindest Palladium und Platin zuverlässig an. Man kann das ganze noch einige Stunden oder Tage einwirken lassen und wiederholt dann mit frischer Lösung den Vorgang. Die verwendete Lösung kann man also bereits fällen, während ein erneuter Durchgang läuft.

HAP ist der sauberste bekannte Weg um Edelmetalle aufzulösen. Bei richtiger Anwendung - d.h. genügend H_2O_2 in der Lösung - steigen nicht einmal Chlordämpfe auf. Es wird lediglich Sauerstoff freigesetzt, der aufsteigt und in der Lösung Wasser(H_2O) gebildet.

Die erhaltenen Lösungen sind unproblematisch (Edelmetallchloridlösungen), es kann mit Zink, Kupfer oder Aluminium gefällt werden. Die dabei entstehenden Nichtedelmetallchloridlösungen sind ebenfalls vergleichsweise (im Vergleich zu Nitrit Verbindungen) harmlos.

Der im H_2O_2 zunächst gebundene Sauerstoff oxidiert unter Wärmezufuhr massiv das eigentlich träge Edelmetall. Die entstehende Oxidschicht wird dann wiederum von den Chlorionen der Salzsäure angegriffen und geht eine Bindung zu Palladiumchlorid etc. ein. Das zunächst als Oxidator aufgetretene Sauerstoffatom wird dabei freigesetzt und weicht nach oben aus.

Aus dem H_2O_2 wurde durch den Verlust des Sauerstoffatoms H_2O – also Wasser.

Das Wasserstoffatom, der beraubten Salzsäure (HCl), sucht sich natürlich auch einen Weg ins Freie nach oben, womit ein gewisses Risiko für die Bildung von Knallgas gegeben ist. Hierzu sind aber bislang keine weiteren Erkenntnisse vorliegend, so dass man nur den allgemein ohnehin gültigen Grundsatz wahren muss, derartige Versuche **nur unter Mitwirkung einer starken Ablaufanlage, oder im Freien durchzuführen!**

Die entstehende schwangere Metallchloridlösung benötigt keine Nachbehandlung wie es bei der Verwendung von Königswasser erforderlich ist (deNOxing). Die überschüssigen Chlorgase werden bereits durch das Aufkochen und die starke exotherme Reaktion beim Schäumen ausgetrieben.

Das Resultat von HAP kann also unmittelbar nach dem Lösungsgang durch Zugabe eines Nichtedelmetalls oder anderer Fällungsmittel gefällt werden.

Die Giftigkeit aller Prozessschritte ist hier minimal, im Vergleich zu allen anderen Varianten.

Natürlich ist nichts auf dieser Welt so gut, dass es perfekt ist. Daher soll auch ein Umstand nicht unerwähnt bleiben, der diese Methode noch nicht allen Nutzern als erste Wahl erscheint: HAP ist in aller Regel weniger stark als vergleichbare Salpetersäure basierende Lösungen. Evtl. müssen mehr Durchgänge zum kompletten Ablaugen vorgenommen werden. Das aber ist auch schon der einzige Nachteil. Ansonsten handelt es sich hier um die sauberste und am einfachsten zu beherrschende Methode um Edelmetalle zu lösen.

Unklar ist, ob das Rhodium auf HAP reagiert.

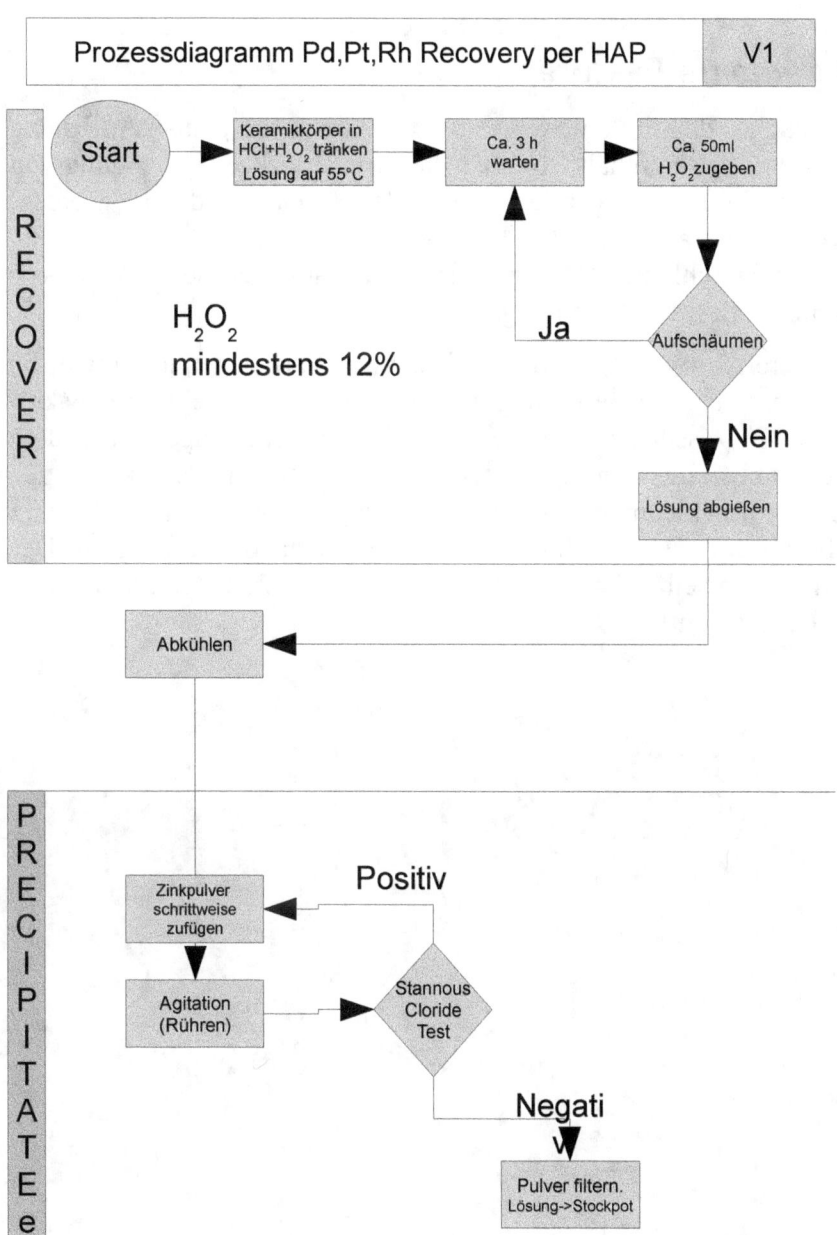

Prozessdiagramm Pd,Pt,Rh Recovery per HAP   V1

R E C O V E R

Start → Keramikkörper in HCl+H_2O_2 tränken Lösung auf 55°C → Ca. 3 h warten → Ca. 50ml H_2O_2 zugeben

H_2O_2 mindestens 12%

Ja ← Aufschäumen

Nein

Lösung abgießen

Abkühlen

P R E C I P I T A T E e

Zinkpulver schrittweise zufügen ← Positiv

Agitation (Rühren) → Stannous Cloride Test

Negativ

Pulver filtern. Lösung->Stockpot

Alternative HAP   149

Allgemeine Faktoren

Hat man es also mit einem Katalysator zu tun, der gemäß Auflistung bis zu 6g Platin enthält, so muss die Prozedur (bei Verwendung von je einem Liter Lösungsmittel) mindestens 4 mal wiederholt werden, bevor der Keramikkörper „abgelaugt" ist. Es zeichnet sich also ab, dass die Durchlaufzeiten für einen Katalysator bei diesen Verfahren bei mindestens 4 Wochen liegen.

Wie bereits erwähnt, ist die Zufuhr von Wärmeenergie, sowie die Agitation, also die Bewegung der Lösung ein entscheidender Faktor für die Prozessdauer. Ein Bubbler, also ein Sprudelgerät aus dem Aquariumhandel, der zur Durchlüftung gedacht ist, kann den Vorgang beschleunigen, indem er ständig Sauerstoff in die Lösung einbringt und sie so während des Prozesses ständig regeneriert. Der Sprudelstein selbst darf aber nicht verwendet werden, er enthält Kalk und löst sich auf!

DeNOxing

Hat man mit Salpetersäure (z.B. Aqua Regia) gearbeitet, muss man vor dem eigentlichen Fällen die Lösung von freiten Nitriten befreien und die entstandenen Edelmetallnitrite in Edelmetallchloride umwandeln. Macht man dies nicht, wird sich nicht das gesamte Edelmetall aus der Lösung fällen lassen, da die Nitrite, die während der Fällung befreiten Edelmetallionen sofort wieder an sich binden.

Nach der Metallreihe oder auch Spannungsreihe, sucht sich eine Säure, wenn sie die Auswahl hat, immer den unedelsten Reaktionspartner und löst diesen zuerst auf. So wie es eine Metallreihe gibt, die die Reihenfolge der Lösungsreaktionen bestimmt, sobald mehrere Metalle in der Reaktion beteiligt sind, so gibt es eine Schema bei den Säuren. **Als Regel gilt, dass sich beim Vorhandensein zweier Säuren und eines Metalls in der Reaktion, diejenige Säure zunächst zum Zuge kommt, die schwächer ist.** Diesen Effekt machen wir uns beim DeNOxing – also dem Entfernen der Nitrite – zunutze.

Die durch die Verwendung von Königswasser=Aqua Regia entstandenen Metallverbindungen sind teilweise Chloride (also Palladiumchlorid, Platinchlorid usw.), aber auch teilweise Nitrite (also Palladiumnitrit usw.) entstanden. In dem Augenblick wo ein Überschuss Chloride in die Reaktion eingebracht wird, wechseln beispielsweise die Platinnitrite ihren Partner, geben das Nitrit Ion frei (welches zusammen mit Sauerstoff als brauner Rauch=NOx aufsteigt) und binden sich an das Chlor Ion, wodurch sich Platinchlorid bildet. Zum Ablauf:

- Lösung durch Eindampfen bei unter 80°C auf 50% reduzieren
- Salzsäure (HCl) schrittweise hinzugeben bis kein brauner Rauch mehr aufsteigt
- Idealerweise den PH Wert vor dem Fällen auf 1 einstellen (+/- 0,4)

Oftmals wird für das deNOxing die Verwendung von Urea = Harnstoff empfohlen. Dies ist mittlerweile nicht mehr Stand der

Dinge. **Harnstoff erzeugt in Verbindung mit Salpetersäure auch explosive Komplexe!**

Alternativ wird die Verwendung von **Amidosulfonsäure** empfohlen.

Amidosulfonsäure ist eine farblose kristalline Substanz, die als Säureamid der Schwefelsäure aufgefasst werden kann. Ihre Salze werden Amidosulfonate oder Sulfamate genannt. Amidosulfonsäure ist (meist neben Phosphorsäure oder Zitronensäure) ein Bestandteil von Entkalkern und Sanitärreinigern, im Labor wird sie als Urtitersubstanz und zum Zerstören von Nitrit verwendet:

$$(NH_2)HSO_3 + NaOH \rightarrow (NH_2)NaSO_3 + H_2O$$

In der Galvanotechnik verwendet man Amidosulfonsäure zum Einstellen des pH-Wertes von Nickelsulfamatbädern auf pH 3,9 bis 4,2. Auch wird eine Lösung aus Amidosulfonsäure mit Natriumlaurylsulfat bei 35 bis 40 °C zum Aktivieren einer Nickelschicht benutzt.[13]

Allerdings ist bei der Amidosulfonatsäure ebenfalls Harnstoff im Spiel. Die Kristalle werden schrittweise hinzugefügt, bis circa der PH 1 erreicht wurde. Das DeNOxing ist also ein Salzaustausch, bei dem Metallnitrite in Metallchloride umgewandelt werden, damit die anschließende Fällungsreaktion vollständig erfolgt.

Sie ist absolut notwendig, wenn beim Lösen Salpetersäure verwendet wurde.

DeChloring

Analog zum Denoxing, muss auch die HCl+CL Lösung von überschüssigen, freien Ionen befreit werden. Hier sind es die Chlorionen. Da Chlor ein Gas ist und über eine geringe Dichte verfügt, lässt sich die Lösung über die Zufuhr von Wärme einfach entgasen. Es versteht sich von selbst, dass die hierbei freigesetzten Chlorgase schädlich sind und entsprechender Umgang hiermit erforderlich ist. Wenige Minuten Wärme (nicht kochen!) genügen, um den Großteil der Chlorionen auszutreiben.

Fällen des Palladiums

So wie es eine Lösungskaskade gibt, kann man auch eine Abfolge für das Fällen erstellen, die es ermöglicht, die Edelmetalle der Reihe nach oder selektiv aus dem Lösungsgemisch auszufällen.

Da sich Palladium und Platin chemisch, optisch und auch in anderen Aspekten sehr stark ähneln, ist es schwierig, eine klare Trennung zwischen den Fällungen zu erkennen.

Gibt man der „schwangeren" Lösung z.B. Kupfer hinzu und enthält die Lösung Palladiumchlorid und Platinchlorid, so wird zunächst das edelste Metall, also Platin, abgeschieden. Wir erinnern uns: Die Säure sucht sich immer den Partner, der am wenigsten Energie abverlangt um ihn zu binden. Platin edler als Palladium und somit anspruchsvoller hinsichtlich der benötigten

Abbildung 12: Fällung von Pd aus PdCl Lösung mittels Kupferplatte [15]

ihr Da

Bindungsenergie ist, wirft die Lösung also zunächst das Platin heraus und nimmt stattdessen das Kupfer auf. Die macht sie so lange, bis kein Platin mehr in Lösung ist. Erst dann entsinnt sie sich des weiteren „Untermieters" Palladium, weist ihm die Tür und nimmt weiteres Kupfer auf. In der Regel kann man diesen Vorgang sehr gut optisch betrachten, wenn man ein Kupferblech als Fällungsmittel in die Lösung taucht. Während Platin eher grau auf dem Metall zementiert, kommt Palladium dann als fast schwarze Schicht hinterher. Bemerkt man diesen Übergang, kann man auch die Platte einfach herausziehen, die Fällung so stoppen und das bereits ausgefällte Platin abfiltern.

Das ist aber keine besonders exakte Methode und zudem erfordert sie eine intensive Beobachtung. Außerdem ist nun statt des Palladiums, das Platin ausgefällt worden. So also geht es nicht.

Was es in dieser Situation braucht, ist ein **selektives** Fällungsmittel für Palladium. Hat man weitere Metalle der PMG in der Reaktion, so lässt sich Palladium selektiv über NH_4OH

Abbildung 13: Pd hat sich als schwarzer Belag auf dem Kupfer zementiert [15]

(Ammoniumhydroxid oder profan Salmiakgeist) laut Internetliteratur fällen.

Dies böte den Vorteil, dass die in Lösung verbleibenden Platinmetalle dann einfach über Kupfer, Zink als Fällungsmittel etc. in einem zweiten Gang gefällt werden können.

Ammoniumhydroxid (NH_4OH) in Form einer 10%gen Lösung ist zwar frei im Handel als Salmiakgeist erhältlich, aber in Anwendung und Entsorgung nicht unbedenklich. Die Sicherheitshinweise zu diesem Stoff sind unbedingt zu beachten. Siehe auch:

http://de.wikipedia.org/wiki/NH4OH

Der Autor muss an dieser Stelle auch einräumen, dass es ihm bislang nicht gelungen ist, Palladium auf diese Weise zu fällen. Daher wird diese Information hier zwar geteilt, sie konnte aber durch eigene

Versuche bislang nicht bestätigt oder näher beschrieben werden. **Dies kann aber auch daran liegen, dass die Verfasser solcher Anleitungen im Internet, Ammoniumhydroxid (NH_4OH) – profan Salmiakgeist mit der Verbindung Ammoniumchlorid (NH_4Cl) = Salmiak verwechselt haben!!** Dieses wiederum ist ein belegtes Fällungsmittel und aufgrund der Reaktionsfreudigkeit von Ammoniakverbindungen (Explosionsgefahr) sollte man Experimente mit ungesicherten Fällungsmitteln aus diesem Bereich unterlassen.

Trotzdem verdient Ammoniumhydroxid an dieser Stelle eine Erwähnung, denn es gibt nur wenige, bislang bekannte selektive Fällungsmittel für Palladium und der Leser informiert sich eventuell auch über das Internet, zu möglichen Alternativen. Daher ist es wichtig zu wissen, dass es sich hier um einen Internetmythos handeln kann, der sich als Fehler in etlichen Forenbeiträgen fortgepflanzt hat.

Ein weiteres selektives Fällungsmittel ist Natriumchlorit, **unbedingt nicht zu verwechseln mit Natriumchlorid (Kochsalz) mit „d" am Ende!**

Natriumchlorit ist sehr giftig!

http://de.wikipedia.org/wiki/Natriumchlorit

Der Hinweis auf diese Mittel würde nicht erfolgen, wenn nicht in einem später empfohlenen Kaufvideo eines US Refiners, eben dieses Mittel zur Fällung von Palladium verwendet würde. Von dem Einsatz ist dringend abzuraten. Es heißt so ähnlich wie das Kochsalz und sieht auch genauso aus, so dass schwerwiegende Verwechslungen möglich sind.

Saubere Alternativen

Es gibt ungiftige und saubere Alternativen zu den vorgenannten Chemikalien! Ist man sicher, dass sich in der Lösung nur Palladium und evtl. Rhodium befindet, kann man zu den Fällungsreaktionen der Metallreihe greifen.

Hier gibt es eine Vielzahl von Reagenzien wie z.B.:

- Aluminium(Folie)
- Magnesium
- Kupferpulver
- Zinkpulver (Empfehlung)

Al, Mg und Zn reagieren exotherm sehr heftig in saurer Lösung, es ist also genügend freier Platz nach oben im Gefäß für ein Aufschäumen der Reaktion vorzusehen. Maximal zur Hälfte sollte es vor der Gabe des Fällungsmittels gefüllt sein. Zusätzlich sollte man das Reaktionsgefäß in eine Auffangwanne stellen, falls die Reaktion doch so heftig verläuft, dass sie überkocht.

Der Nachteil in der Verwendung solcher unedler Metalle als Fällungsmittel besteht darin, dass alle Edelmetalle ausgefällt werden, sie also dann in einem Gemisch von Pulver vorliegen. Bei sorgfältiger Beobachtung der Reaktion und Verwendung von Metallplatten z.B. aus Kupfer kann man jedoch den Übergang der Fällungsreaktion von einem Metall zum anderen beobachten und sie dann unterbrechen. Kupfer als quasi unedelstes Edelmetall, reagiert deutlich langsamer als z.B. Zink. Auf einer Kupferplatte bilden sich zunächst die Zementierungsrückstände des niedrigsten Edelmetalls in Lösung, was bei Katalysatormaterial, das Palladium ist. Dieses zementiert in fast schwarzer Farbe auf der Kupferplatte. Ist sämtliches Palladium abgeschieden, erfolgt auch optisch ein Wechsel. Platin schlägt sich als hellgrauer Belag auf dem zementierten Palladium nieder. Statt der selektiven Fällung der einzelnen Platinmetalle wird daher eine gemeinsame Fällung, vorzugsweise mit Zinkpulver empfohlen.

Fällen des Platins

Als selektives Fällungsmittel wird stellenweise Ammoniumchlorid genannt..

Ammoniumchlorid wird hierbei zunächst in heißem Wasser gelöst und dann der schwangeren Lösung zugegeben. Ammoniumchlorid (NH_4Cl) kann auch in fester Form genutzt werden. Zum Spülen von Filtern, Gefäßen etc. verwendet man eine 15%ige NH_4Cl Lösung. Allerdings muss vor der Verwendung von Ammoniumchlorid deutlich gewarnt werden. Auch dieses Fällungsmittel ist giftig. Platin(IV)Chlorid, in fester Form ein rotbraunes Pulver gilt auch als giftig. http://de.wikipedia.org/wiki/Platin%28IV%29-chlorid. Daher ist beim Umgang mit diesem Stoff Vorsicht angebracht. Ohnehin sollte man es nicht zu diesem Zustand kommen lassen, sondern dafür sorgen, dass Metallchloride sich immer nur in Lösung befinden und nicht als Feststoff anfallen. Manche Edelmetallchloride lassen sich nämlich einmal fest nicht wieder in Flüssigkeiten lösen. Daher die Lösungen nie eintrocknen lassen!

Ansonsten gelten dieselben Bedingungen wie bei der Fällung des Palladiums. Auch hier wird – entgegen häufig anzutreffender Anleitungen – die komplette Fällung aller Metalle durch Zink statt der Einzelfällung mit den giftigen Problemstoffen empfohlen.

Schmelzen des Palladium

Es wird empfohlen auf das Schmelzen des Palladiumpulvers zu verzichten. Auch wenn es Spaß macht und schön aussieht: Nur mit der richtige Ausstattung ist es möglich, ansonsten drohen herbe Verluste bis zu 50% der Ausbeute!

Palladium hat einige merkwürdige Eigenschaften, die es schwierig machen, es ohne Verlust einzuschmelzen.

In einem Ofen, der hierbei ca. 1555°C erreichen muss, in einem Quarztiegel ist es noch am ehesten möglich. Ein Graphittiegel ist ungeeignet, denn geschmolzenes Palladium hat die Fähigkeit Kohlenstoff zu lösen! Dabei versprödet es und wird matt.

Weiterhin neigt es dazu beim Schmelzen mit Sauerstoffunterstützung zu „verbrennen". Die Flamme muss sehr schwach blasend und mit möglichst wenig Sauerstoff eingestellt arbeiten. Dann aber ist es schwierig die erforderliche Temperatur zu erreichen. Bis diese endlich erreicht ist, hat sich ein Teil des feinen Palladiumpulvers schon allein durch den Gasdruck des Brenners aus dem Tiegel verabschiedet.

Palladium reagiert im flüssigen Zustand auch mit Schwefel, der sich dann nur noch schwer schwer vom Palladium(II)Sulfit trennen lässt.

Für jedes Edelmetall sollte man zwingend immer ein und denselben Schmelztiegel verwenden. Am besten immer einen neuen, unbenutzten Schmelztiegel. Die ansonsten entstehenden Verunreinigungen machen die ganze Vorarbeit zunichte. Selbstverständlich benutzt man zum Berühren des flüssigen Metalls keine anderen Metallgegenstände! Hierfür gibt es Glasstäbe.

Palladium stellt auch deswegen eine Herausforderung an die Ausstattung dar, weil aufgrund seines hohen Schmelzpunktes die für Silber und Gold gängigen Schmelztiegel nicht ausreichen. Ideal ist ein Schmelztiegel aus Quarz, dieser ist bis zu 2000°C beständig. Der Tiegel wird – falls er nicht glasiert sondern rau ist - zunächst mit Borax eingepudert und dieses angeschmolzen, so dass sich eine glasige glatte Oberfläche auf ihm bildet. Diese ist wichtig, da es sonst schwierig wird, das geschmolzene Metall aus dem Tiegel zu bekommen.

Überhaupt sollte man relativ viel Borax verwenden, denn das Palladium wird mit vielen Verunreinigungen belastet sein, besonders das weiße feines Pulver der Gehäuse huscht durch alle Filter und Prozesse hindurch. Daher die Empfehlung Borax im Verhältnis 1:1 mit dem Palladiumpulver zu mischen.

Wer sich das alles ersparen möchte, sollte das Pulver sammeln und es so wie es ist verkaufen oder von einem geeigneten Betrieb schmelzen lassen.

Schmelzen des Platins

Das Schmelzen von Platin ist alleine aufgrund des hohen Schmelzpunktes eine Herausforderung.

Es müssen Brenner mit Sauerstoff oder Wasserstoffunterstützung eingesetzt werden. Brennöfen, die für Platin geeignet sind, haben einen sehr hohen Preis. Beim Einsatz einer Flamme gibt es jedoch immer auch das Problem durch die Gasströme, die einen Teil des feines Pulvers aus dem Tiegel treiben.

Aber allein der hohe Schmelzpunkt von rund 1770°C setzt den meisten Kleinbetrieben enge Grenzen, denn diese Temperaturen werden nur von Gasbrennern erreicht, die mit Sauerstoff oder Wasserstoffunterstützung arbeiten. Solche Geräte sind recht teuer in der Anschaffung und dem Unterhalt und sie benötigen einen erfahrenen Bediener um effektiv mit Ihnen arbeiten zu können.

Wie auch immer: Es ist nicht nötig dass frisch gefällte Pulver zu schmelzen!

Überlassen Sie dies einem Profi und kalkulieren Sie im Stillen mit Schmelzverlusten von bis zu 5%.

Wichtige Adressen und Kontakte

Scheideanstalten

Adresse	Bemerkung
Allgemeine Gold- und Silberscheideanstalt AG Kanzlerstrasse 17 75175 Pforzheim Telefon: +49 7231 960 0 Telefax: +49 7231 68740 info@allgemeine-gold.de http://www.allgemeine-gold.de	**Echte** Scheideanstalt mit eigener Verarbeitung. Hohe Anforderung bezüglich der angelieferten Menge und Homogenität. Können Gold, Silber, Platin, Palladium und andere Edelmetalle scheiden.
Degussa AG	Siehe Umicore AG
Umicore AG & Co. KG Communications Rodenbacher Chaussee 4 D-63457 Hanau-Wolfgang Tel.: +49 (0) 61 81-59-02 Fax: +49 (0) 61 81-59-66 70 E-Mail: info@eu.umicore.com http://www.umicore.de	**Echte** Scheideanstalt mit eigener Verarbeitung. Größte deutsche Scheideanstalt. Gehört jetzt zum belgischen Konzern Umicore. Ob weiterhin für die Allgemeinheit zugänglich, unklar. Vermutlich nur noch sehr große Aufträge.
Umicore Precious Metal Refining http://www.preciousmetals.umicore.com/home	Link funktionierte bei Drucklegung nicht.
Johnson Matthey GmbH Otto-Volger-Strasse 9b D-65843 Sulzbach/Ts Tel: +49 6196 703820 Fax: +49 6196 70 38 91 http://www.matthey.com	Globaler großer Edelmetall Recycler. Verschiedene Niederlassungen in Deutschland.

Adresse	Bemerkung
ÖGUSSA Österreichische Gold- und Silber-Scheideanstalt G.m.b.H. Postfach 1 Liesinger Flur-Gasse 4 1230 Wien Österreich Tel.: +43 / 1 / 866 46-0 Fax: +43 / 1 / 866 46-4324 office@oegussa.at http://www.oegussa.at	**Echte** Scheideanstalt mit eigener Verarbeitung in Österreich. Degussa Tochter.
Nobra GmbH Gewerbegebiet Sandfeld 14-15 D-98639 Rippershausen Tel: +49 (0) 3693-891495 Fax: +49 (0) 3693-893841 info@nobra-gmbh.de	Kleiner, moderner Recyclingbetrieb, (noch) keine Scheideanstalt, in Thüringen. Geschäft: Veraschen und Mahlen. Verarbeitet auch Katalysatoren.
4Dentis GmbH Albert-Kratz Straße 19 75180 Pforzheim Tel:+49 – 7231 – 4400 68 94 info@4dentis.de http://www.4dentis.de	Kleinere Scheideanstalt. Schnellerer Auszahlservice als große Scheideanstalten.
Valcambi sa Via Passeggiata CH-6828 Balerna Switzerland Phone +41 (0)91 695 5311 Fax +41 (0)91 695 5353 info@valcambi.com	Schweiz

Adresse	Bemerkung
Metalor Finance SA Avenue du Vignoble CH-2009 Neuchâtel Tel. +41 32 720 6111 Fax +41 32 720 6601 http://www.metalor.com	Hauptsitz Schweiz Niederlassungen in USA und Hongkong
PX PRECINOX SA Boulevard des Eplatures 42 CH-2304 La Chaux-de-Fonds Tel: +41 32 924 02 00 Fax: +41 32 924 02 10 http://www.precinox.ch	Schweiz
Cendres+Métaux SA Rue de Boujean 122 CH-2501 Biel/Bienne Tel:+41 58 360 20 00 Fax: +41 58 360 20 10 info@cmsa.ch http://www.cmsa.ch	Schweiz

Analysegeräte

Die Unternehmen liefern Geräte zur Analyse von edelmetallhaltigem Material.

Geräte zur Bestimmung des Edelmetallgehalts
Dichtemessgeräte
alfamirage
3-2-19, Miyakojimahondori,
Miyakojima-ku,
Osaka 534-0021, Japan
TEL. +81-6-6924-2631
FAX. +81-6-6924-2044
Email : sales@alfamirage.com
www.alfamirage.com

Röntgenspektralanlyse (XRF)
Vertrieb von Röntgenspektralanalysegeräte des Herstellers
Oxford
Instruments
DEPraTechnik GmbH & CO. KG
Cranachweg 10
38228 Salzgitter
Tel.: +49 5341-59099
Fax: +4905341-59280
www.depratechnik.com

Helmut Fischer GmbH+Co.KG
Industriestraße 21
71069 Sindelfingen, Germany
Tel. +49 70 31 30 30
Fax +49 70 31 30 379
mail@helmut-fischer.de
www.Helmut-Fischer.com

Laboranalyse von Edelmetallen

Nachfolgende Unternehmen analysieren Proben und können den Edelmetallgehalt von festen und flüssigem Material bestimmen.

analyticon instruments gmbh

Dieselstraße 18
D-61191 Rosbach v. d. Höhe
office: +49 (0) 6003 9355-0
sales: +49 (0) 6003 9355-20
service: +49 (0) 6003 9355-40
fax: +49 (0) 6003 9355-10
e-mail: y.vorwald@analyticon-instruments.de
web: www.analyticon-instruments.de

SENSOTEC
Systementwicklungen für die chemische Analytik GmbH

Bismarckstraße 29 - 31
64853 Otzberg | Lengfeld

Fon: 0 61 62 | 9 19 97 23
Mail: sensotec@t-online.de
Mobil: 0172 | 61 16 145
Fax: 0 61 62 | 9 19 97 24

Sonstige

Heraeus Precious Metals GmbH & Co. KG Chemicals Division Business Unit Recycling Heraeusstr. 12-14 63450 Hanau Telefon: +49 (0)6181 35 3939 Fax: +49 (0)6181 35 4641 recycling@heraeus.com www.heraeus-recycling.de	Direktes Umfeld von Degussa/Umicore. Umfangreicher Edelmetallhandel.

Abbildungsverzeichnis

Abbildung 1: Aufgeschnittener Fahrzeugkatalysator mit metallischem Träger..8

Abbildung 2: Keramische Wabenträger (engl. honeycomb)..............14

Abbildung 3: Metallsubstratwaben.......................................16

Abbildung 4: Prinzip Elektroofen DEGUSSA.............................116

Abbildung 5: Schematische Prozessabbildung des Verarbeiters UMICORe/Werk Hoboken Quelle:[6].......................................116

Abbildung 6: Raffination der Platinmetalle [6].........................117

Abbildung 7: Palladium 99,99% rein....................................120

Abbildung 8: Platin löst sich in Königswasser..........................122

Abbildung 9: Rhodiumfolie und -draht..................................126

Abbildung 10: Rh-Verarbeitung: 1 g Pulver, 1 g verpresst, 1 g Regulus..127

Abbildung 11: Beliebtes Haushaltsmittel für Chlorine..................139

Abbildung 12: Fällung von Pd aus PdCl Lösung mittels Kupferplatte [15]..153

Abbildung 13: Pd hat sich als schwarzer Belag auf dem Kupfer zementiert [15]..154

Seiten mit Farbabbildungen:

8, 116, 120, 122, 126, 127, 135, 138, 139, 143, 145, 149, 153, 154,171,172,173,174,175

Stichwortverzeichnis

Agitation...130, 150
Amidosulfonsäure...152
analyse...164f.
Analyse..7, 164, 171
AP...131, 146
Aqua Regia..131f., 144, 151
Clorex...139
Clorix...139
Clorox...139
DeNOxing..140, 151f.
DMG...137f.
Fällungsmittel...137, 148, 153ff.
Fällungsmittel 137
Harnstoff..151f.
HCl+Cl..139ff., 144, 146
HCl+CL..131, 152
Honeycomb..15
Königswasser........117, 120, 123, 126, 128f., 132, 140, 144, 148, 151
Metallreihe..151, 156
NOx.....................................9ff., 132, 140f., 144, 146, 151, 171
Palladium. .8, 11, 17ff., 117, 119ff., 125f., 128, 132, 135ff., 140, 142, 147, 153ff., 158, 161, 174f.
Platin...8, 120f., 124, 129f., 159
Platins...157
Scheideanstalt...128, 135, 141, 161f.
Schmelzen...123, 158, 160
Stannous Chloride..135ff.
Urea...151

Literaturverzeichnis

8: Diverse, Wikipedia: Fahrzeugkatalysatoren, 2013,
http://de.wikipedia.org/wiki/Fahrzeugkatalysator
7: Diverse, Wikipedia: Umicore, 2013,
http://de.wikipedia.org/wiki/Umicore
6: Dr. Christian Hagelüken u.a., Der Kreislauf der Platinmetalle,
2005
9: Diverse, Wikipedia: Palladium, 2013,
http://de.wikipedia.org/wiki/Palladium
10: Diverse, Wikipedia: Platin, 2013,
http://de.wikipedia.org/wiki/Platin
11: Diverse, Wikipedia: Rhodium, 2013,
http://de.wikipedia.org/wiki/Rhodium
12: Diverse, Wikipedia:NOx, 2013,
http://de.wikipedia.org/wiki/Stickoxide
13: Diverse, Wikipedia:Amidosulfonsäure, 2013,
http://de.wikipedia.org/wiki/Amidosulfons%C3%A4ure
15: M.A.Buth, Palladium aus PC und ELektronik, 2012

Nachwort

Abgaskatalysatoren sind für die absehbare Zukunft aus unserer Welt nicht mehr wegzudenken.

Solange Motoren NOx Gase produzieren, wird diese Technik zum Einsatz kommen

Die Zahl der Typen und ihr Aufbau wird daher in den nächsten Jahren weiter anwachsen.

Bislang gibt es keine ernsthaften Anzeichen dafür, dass dies durch andere technische Vorrichtungen oder die Verwendung anderer Edel- oder Nichtedelmetalle bewerkstelligt werden kann.

Solange dies so bleibt, bleibt auch diese Buch aktuell und die gezeigten Verfahren zeitgemäß.

Dies ist in Feldern wie dem Elektroschrott anders. Die technische Entwicklung verläuft dort so schnell und sprunghaft und die eingesetzten Werkstoffe ändern sich so häufig, dass das notwendige Wissen entsprechend wachsen und nachgeführt werden muss.

Wer entscheidet, sich mit den Katalysatoren zu beschäftigen, hat es mit maximal 3 Edelmetallen zu tun. Es gibt kaum Fremdstoffe in nennenswerter Größenordnung und die Chemie bleibt daher übersichtlich.

Trotzdem sollte man als guter Kaufmann immer abwägen, ob es lohnt selber Hand anzulegen, zu investieren und zu riskieren, oder ob man sich nicht besser ein kleines Netzwerk aus Dienstleistern wie Analyselabors, Ankaufsstellen, Scheideanstalten und Lohnrefineren aufbaut und situativ mit diesen zusammenarbeitet. Das hier gewonnene Wissen hilft hoffentlich dem Leser bei der Erzielung eines fairen Preises und der Vermeidung von teuren Fehlentscheidungen.

Marcel A. Buth
Autor

www.goldschrott.blogspot.com

Weitere Titel aus der Reihe

Bestelldaten:
Titel: Gold aus PCs: Handbuch für
Einsteiger: 1
Autor: Marcel A. Buth

ISBN-10: 1478150807

ISBN-13: 978-1478150800

**Das erfolgreichste Buch zum Thema!
Mittlerweile in dritter überarbeiteter
Auflage!
Blick ins Buch:**

- Fast alle PC CPUs mit
  Goldgehalt
- Zahlreiche Abbildungen
  erklären genau was wie zu
  machen ist um Gold aus PC
  und Handy zu gewinnen.
- Welche Mittel und Verfahren
  gebraucht werden.
- Zusätzlich erklären extra auf
  das Buch zugeschnittene,
  verlinkte **Videos** den genauen
  Ablauf beim Goldschrott
  fördern.
- Bezugsquellen Scrapgold und
  Hilfsmittel.
- Wichtige Internetadressen
- Lieferanten für Goldschrott
  und Elektroschrott.
- Tabellen mit Daten zu
  Goldgehalt von PC Bauteile
- 185 Seiten
- 50 Abbildungen

Bestelldaten:

Titel: Palladium aus PC & Elektronik
Autor: Marcel A. Buth

ISBN-10: 1481210203

ISBN-13: 978-1481210201

Das weltweit einzige Buch zum Thema!

Das neue Buch "Palladium aus PC und Elektronik" zeigt konkrete Vorkommen, Gewinnung und Verarbeitung vom Palladium vom ersten PC Teil bis zum geschmolzenen Edelmetall.

130 S. ca. 50 farbige Abbildungen, zahlreiche Tabellen. Chemische Prozesse als einfach verständliche Ablaufdiagramme.

Ein Buch mit geballten Informationen, in verständlicher Umgangssprache geschrieben, so dass jeder in der Lage ist die Informationen nachzuvollziehen und Palladium mit einfachen Haushaltsmitteln aus PC Schrott und Elektronikschrott zu gewinnen.Weiter aus dem Inhalt: Palladium erkennen und analysieren. Palladium ohne Salpetersäure auflösen. Palladium ohne Chemie fällen. Palladium schmelzen und verkaufen.

Besonderes Augenmerk wurde wieder auf eine verständliche Darstellung der Abläufe, sowie eine direkte Formulierung ohne allzu viel Chemiekauderwelsch gelegt. Auch der Aspekt der Sicherheit und des Umweltschutzes kommt nicht zur kurz. Die Verfahren sind einfach und sicher und mit herkömmlichen Mitteln zu bewältigen.

Bestelldaten:
Titel: Silber aus Schrott
Autor: Marcel A. Buth

.ISBN-10: 151161420X
.ISBN-13: 978-1511614207

Silber aus Besteck, Schmuck und anderen Quellen kann wiedergewonnen werden!

Versilbertes Besteck oder Besteck aus Sterling Silber erzielen immer wieder Höchstpreise. Bislang war es jedoch für kleine Firmen unmöglich, das Silber von versilbertem Schrott zu recyceln. Mit dem neuen Titel "Silber aus Schrott" erfährt der Leser, wie er trotzdem mit einfachsten Mitteln und ohne die Verwendung von Säuren und anderen giftigen Chemikalien, das Silber von Silberbesteck, Silberschmuck, oder Silberkontakten abtrennen kann.

Das Buch "Silber aus Schrott" zeigt konkrete Vorkommen, Gewinnung und Verarbeitung von Silber vom Silberbesteck bis zum geschmolzenen Edelmetall. Ein Buch mit geballten Informationen, in verständlicher Umgangssprache geschrieben, so dass jeder in der Lage ist die Informationen nachzuvollziehen und Silber mit einfachen Haushaltsmitteln aus Silberbesteck, versilbertem Schmuck zu gewinnen.

Bestelldaten:
Titel: Platin aus
Autokatalysatoren
Autor: Marcel A. Buth

.ISBN-10: 148392162X
.ISBN-13: 978-1483921624

Platin, Palladium und Rhodium gehören zu den weltweit meistgesuchten Edelmetallen. Ihre technischen Anwendungsgebiete sind vielfältig, die Preise seit Jahren im Steigen begriffen. Platin kostet mittlerweile so viel wie Gold. Dieses Buch zeigt zeigt seinen Einsatz in Fahrzeugkatalysatoren, deren Zusammensetzung und Wert, sowie die Verarbeitung. Mithilfe der bebilderten Tabellen, lassen sich hunderte Katalysatoren - auch ohne Kenntnis des Fahrzeugtyps oder der Schlüsselnummer - schnell und einfach bestimmen. Eine unverzichtbare Hilfe für alle diejenigen, die mit Autoteilen handeln oder sich eine Existenz im Edelmetallgeschäft aufbauen möchten. Weiter aus dem Inhalt: Verfahren zur Rückgewinnung von Edelmetallen aus Fahrzeugkatalysatoren. Kontakte, Adressen, Bezugsquellen

English

Ordering information:

Title: Gold from Scrap
Author: Marcel A. Buth

5" x 8" (12.7 x 20.32 cm)
Black & White on White paper
100 pages

ISBN-13: 978-1482345339

ISBN-10: 1482345331

available at amazon.com

A daily growing number of people have access to sources of scrap with precious content. Knowing the composition of this material can increase it´s value tremendously for the owner.

Many types of gold scrap is available for free, so that the initial risk for start-ups is minimal. Even just collecting precious scrap like electronic waste is no waste of time, because it can be resold under today´s market conditions. This new goldrush won´t last forever, but the tidal wave that it will cause, will be as big as the wave that once pumped up the electronic market who produced these items. What goes up, must come down. The new gold rush doesn´t take place in remote places, it will take place in urban areas, where most valuable scrap is concentrated.

That offers new opportunities for smart people in the years to come.

This book gives a compact overview of the most common sources of precious metals in an urban enviroment, how they yield and how to proceed after collecting them. Mechanical and chemical procedures are presented without expecting too much foreknowledge. It further discusses related social and financial issues.